JN173633

固体触媒

日本化学会［編］
内藤周弌［著］

共立出版

『化学の要点シリーズ』編集委員会

『化学の要点シリーズ』発刊に際して

現在，我が国の大学教育は大きな節目を迎えている．近年の少子化傾向，大学進学率の上昇と連動して，各大学で学生の学力スペクトルが以前に比較して，大きく拡大していることが実感されている．これまでの「化学を専門とする学部学生」を対象にした大学教育の実態も大きく変貌しつつある．自主的な勉学を前提とし「背中を見せる」教育のみに依拠する時代は終焉しつつある．一方で，インターネット等の情報検索手段の普及により，比較的安易に学修すべき内容の一部を入手することが可能でありながらも，その実態は断片的，表層的な理解にとどまってしまい，本人の資質を十分に開花させるきっかけにはなりにくい事例が多くみられる．このような状況で，「適切な教科書」，適切な内容と適切な分量の「読み通せる教科書」が実は渇望されている．学修の志を立て，学問体系のひとつひとつを反芻しながら咀嚼し学術の基礎体力を形成する過程で，教科書の果たす役割はきわめて大きい．

例えば，それまでは部分的に理解が困難であった概念なども適切な教科書に出会うことによって，目から鱗が落ちるがごとく，急速に全体像を把握することが可能になることが多い．化学教科の中にあるそのような，多くの「要点」を発見，理解することを目的とするのが，本シリーズである．大学教育の現状を踏まえて，「化学を将来専門とする学部学生」を対象に学部教育と大学院教育の連結を踏まえ，徹底的な基礎概念の修得を目指した新しい『化学の要点シリーズ』を刊行する．なお，ここで言う「要点」とは，化学の中で最も重要な概念を指すというよりも，上述のような学修する際の「要点」を意味している．

本シリーズの特徴を下記に示す．

1）科目ごとに，修得のポイントとなる重要な項目・概念などをわかりやすく記述する．

2）「要点」を網羅するのではなく，理解に焦点を当てた記述をする．

3）「内容は高く」，「表現はできるだけやさしく」をモットーとする．

4）高校で必ずしも数式の取り扱いが得意ではなかった学生にも，基本概念の修得が可能となるよう，数式をできるだけ使用せずに解説する．

5）理解を補う「専門用語，具体例，関連する最先端の研究事例」などをコラムで解説し，第一線の研究者群が執筆にあたる．

6）視覚的に理解しやすい図，イラストなどをなるべく多く挿入する．

本シリーズが，読者にとって有意義な教科書となることを期待している．

『化学の要点シリーズ』編集委員会
井上晴夫（委員長）
池田富樹　伊藤　攻　岩澤康裕　上村大輔
佐々木政子　高木克彦　西原　寛

はじめに

触媒は化学反応の速度や選択性の制御に不可欠な化学物質であり，なかでも「固体触媒」は，われわれの日常生活に必要な工業製品の製造や地球規模での環境保全のための汚染物質の除去に重要な役割を果たしている．本書はこれからの持続可能社会の構築を目指して触媒化学を学ぼうとする理工系大学学部・大学院生や化学系企業研究者を対象に，固体触媒の入門書として執筆した．

第1章では固体触媒の定義，種類および用途について概説する．第2章では固体触媒の構造と触媒反応の相関について述べ，キャラクタリゼーションのための物理化学的手法，とくに最新の表面分光法を概説する．第3章では，固体触媒の調製法をその原理から解き明かし，調製した触媒の活性試験法について述べる．第4章では固体触媒の反応の場である表面で，反応物がいかに振る舞い，生成物に変換されていくかを反応速度論の観点から述べ，それを踏まえて固体触媒のデザインのための要点を概説する．最後の第5章では固体触媒の利用として，化学工業やエネルギー，環境保全，バイオマス資源の有効利用など，21世紀の持続社会を担う新しい触媒の活躍の様子を紹介する．各章で用いた図版のなかには，触媒学会の諸先輩がすでに出版された触媒の教科書や参考書で使用されているものを参考に改編した場合も多く，これらを使わせていただいたことに心から感謝の意を表したい．

「化学の要点シリーズ」の最大の特徴に「コラム欄」があるが，本書では筆者自身および周辺の共同研究者の研究成果を7つのトピックスとして取り上げた．本文を読んで得られた知識だけでは少し難解な部分もあるが，“触媒研究の面白さ”を読者諸氏に伝えたい思いを込めて挿入したものである．これらを通じて読者の中から“日本の触媒研究者”が一人でも多く誕生すれば望外の喜びである．最後に貴重な査読意見をいただいた本シリーズ編集委員会の諸先生および出版業務で多大のご尽力を頂いた共立出版の皆様に感謝したい．

2017年10月

内　藤　周　弌

目　　次

コラム目次

第1章

固体触媒とその役割

ここでは，われわれの日常生活や現代社会に不可欠な触媒の定義と，その要素・種類および用途について述べる．

1.1 触媒とは？

1.1.1 触媒の定義

“触媒（catalyst）”に関する最も簡潔な定義は「化学反応の系内に少量存在し，反応速度を著しく速めたり，特定の化学反応だけを起こしたりするが，それ自身は反応の前後でほとんど変化しない物質である」と表現される．

触媒は反応速度を変化させる能力をもつが，すでに平衡にある反応系に加えても，その組成を変化させることはできない．すなわち平衡では正方向の反応速度と逆方向の反応速度は等しい．

1.1.2 触媒の定義の変遷

触媒科学の歴史は19世紀以前の中世・錬金術までさかのぼり，本質的役割は不明のまま，化学反応系に少量加えると反応を促進させる物質があり，それを“賢者の石”とよんだことに端を発する．

科学的な意味で最初に触媒作用を見出したのは，1811年のことで，ロシア人のKirchhoffであった．彼はデンプン水溶液の中に少量の塩酸を加えて加熱すると，デンプンの分解が促進されて糖を生じるが，塩酸自身は変化しないと報告した．その後，1817 年には英国の Davy が，加熱した白金線の上に空気とアルコール蒸気を触れさせると，アルコールの燃焼が起こることを見出している．1831 年には英国の Phillips らが，亜硫酸ガス（SO_2）の空気酸化で硫酸を製造するのに白金触媒が有効であることを見出した．さらに 1936 年，スウェーデンの Berzelius により，反応物と触媒の化学結合の形成と組換えにより反応が促進され，生成物と触媒へと変換する触媒作用の本質が明らかとなった．その後，さまざまな種類の触媒の発見や作用機構の研究に伴い，1901 年には Ostwald による「触媒は化学反応の速度を変化させるが，最終的に生成物中には現れない物質である」という定義が確立した．

1.1.3　平衡と活性化エネルギー

通常の化学反応は，いくつかの素反応が組み合わさった複合反応である場合がほとんどである．ある素反応において正反応と逆反応の速度が等しいとき，その素反応は平衡にあるという．固体触媒反応における最も単純な素反応は吸着である．一方，反応速度の温度依存性は，アレニウス（Arrhenius）の式で定義される活性化エネルギーで表される．アレニウスの式は，もちろん素反応の速度に対して成り立ち，その大きさは理論的な反応速度論を通して反応機構の解明につながる．同時に，Arrhrnius が最初に取り扱ったように，ある複雑な化学変化の速度の温度依存性を観察すると，その変化の活性化エネルギーとしても定義することができる．

1.1.4　触媒の役割

触媒はわれわれの日常生活の中でもいたるところで活躍してい

る．すべての生体の生命活動はさまざまな種類の酵素により営まれているが，酵素は最も精巧な触媒である．また，われわれの日常生活で使用されているほぼすべての化学工業製品の製造過程では，なんらかのかたちで触媒がはたらいている．

すでに1.1.2項で触れたが，固体触媒（solid catalyst）は20世紀初頭に登場し，アンモニアや硫酸，硝酸などを製造する無機化学工業，石炭のガス化で得られる合成ガス（CO–H_2混合ガス）からのメタノールやガソリンなどを合成する石炭化学工業，重油からのガソリンや灯油軽油などの燃料や，エチレン，プロピレンなどのオレフィン化学原料つくる石油精製工業，さらにオレフィンを原料として高分子や含酸素化合物などを合成する石油化学工業の発展を担ってきた．

1.2　触媒の4要素

1.1節で述べたように，触媒の第一のはたらきは，化学反応の速度を速め，"活性"を上げるものであるが，いくつかの素反応が組み合わさった複合反応では加速させる素反応を選ぶことにより"選択性"を変えることも可能である．また，反応の進行に伴い，副生成物が堆積して触媒の"耐久性"に深刻な影響を及ぼすことも少なくないし，環境に悪影響を及ぼす"環境負荷"の大きい触媒反応もある．触媒の性能を議論するには，これらの4つの要素がとくに重要である．

1.2.1　触媒の活性

触媒の活性は触媒反応の速度の大きさで表される．したがって，最も簡潔な触媒活性の尺度は単位触媒量・単位時間あたりの反応量，すなわち単位触媒量あたりの反応速度である．より厳密にいえば，固体触媒では触媒表面活性点あたり単位時間に完結する触媒サイクルの数であり，これをTOF（turnover frequency；単位 s^{-1}）とよんで，最も基本的な触媒活性の尺度となる．一方，錯体触媒など比較的寿命の短い触媒の場合，ある反応時間内に何回触媒サイクルを繰り返したかが問題となる．この回数をTON（turnover number）とよぶことがある．

1.2.2　選 択 性

複合反応の触媒では，その性能を変えることにより加速される素反応が替わり，その結果，各素過程で生成される生成物の割合が変わってくる．全生成物のなかでのある生成物の割合をその複合反応の選択性という．各素反応の反応速度がわかれば，複合反応の選択性は理論的にはその速度比から求められる．化学工業においては目的生成物を選択性よく合成できる触媒が不可欠であり，ある工業プロセスの選択性を1%上げる触媒の開発が，企業の命運を左右することもある．この意味において最も高い選択性を示す触媒が，私たちの生体活動をつかさどる酵素である．

1.2.3　耐 久 性

触媒の耐久性は，複合反応の各素過程を効率よく繰り返せる触媒サイクルの丈夫さにかかっている．とくに選択性のよくない複合反応では主生成物以外の副生物も多く，それらが触媒表面に堆積して主生成物の反応を阻害し，触媒自身を変質させることも多い．工業触媒では，一定の期間使用して機能の低下した触媒を，酸化や還元により再生処理を行うことも多い．

1.2.4 環境負荷

地球規模での資源の枯渇や気候変動，環境汚染問題がますます深刻化するなか，化学工業においてもできるだけ環境負荷の小さいプロセス実現のための新触媒開発が求められる．用いる触媒そのものが有害でないことはもちろん，反応プロセスにおける装置や操作の簡便さも触媒の選択にとって重要である．

1.3 触媒の種類とその分類

1.3.1 均一系触媒と不均一系触媒

一般に触媒物質も反応物質も，気体，液体，固体のいずれかの相状態にある．触媒としてはたらく物質と反応物質の相が同じ相で作用する場合，その触媒を均一系触媒（homogeneous catalyst），異なる相で作用する場合を不均一系触媒（heterogeneous catalyst）とよぶ．金属錯体などの分子触媒では，触媒も反応物も溶媒に溶かして用いることが多いので均一系触媒反応の場合が多く，固体触媒を用いる反応では，その表面で気体または液体の反応物を反応させることが多いので，気-固系または液-固系の不均一系触媒反応である．

1.3.2 触媒物質の形態による分類

金属微粒子を表面積の大きい金属酸化物に分散担持させた触媒は担持金属触媒とよばれ，実用触媒として広く利用されている．近年では，優れた触媒能を発揮する金属酸化物微粒子を不活性な表面積の大きい無機担体に分散させた担持金属酸化物触媒も多数報告されている．また，光触媒などでは金属錯体を単殻でシリカ（SiO_2）担体に固定化したものをシングルサイト触媒とよぶ場合もある．

1.3.3　反応や機能による分類

化学工業において，さまざまな原料から製品をつくるために種々の化学反応が利用されている．それらには反応物に酸素付加を行う酸化反応や，水素などの還元剤を用いる還元反応，炭化水素の骨格異性化反応や芳香族変換反応などがある．また，環境保全の観点では，石油中の硫黄化合物から硫黄を取り除く脱硫反応，自動車排気ガスに含まれる窒素酸化物から窒素を取り除く脱窒素反応などが重要である．これらの反応に効率よく作用する触媒は，その反応や機能にちなんで，酸化触媒，還元触媒，異性化触媒，脱硫触媒，脱窒素触媒などとよばれる．

1.4　固体触媒の役割

すでに1.1.4項の触媒の役割で述べたように，20世紀初頭の石炭化学工業から後半の石油化学工業の発展において，不均一系固体触媒の果たした役割は計り知れない．

1.4.1　固体触媒の長所と短所

触媒の形態や安定性，選択性，触媒の分離や再生に関する均一系と不均一系触媒の類似点と相違点を表1.1にまとめて示す［1］．均一系の錯体触媒は液相での有機合成や高分子合成におもに用いられるのに対し，不均一系の固体触媒は基幹化成品の合成や自動車排ガス浄化などに大量に用いられている．ナノ粒子を反応溶液中にコロイド状で分散した場合や酵素などの生体触媒は，均一系と不均一系の中間に位置する．とくに貴金属触媒微粒子をコロイド状態で使用する場合，ナノ粒子自体は固体であるが反応溶液中に均一に分散して触媒作用をつかさどる点では，錯体触媒と区別はできない．しか

表 1.1　均一系と不均一系触媒の比較 [1]

触媒の特性	均一系触媒	不均一系触媒
形　態	水溶液，有機溶媒に溶けている状態が多い	金属あるいは金属酸化物で，無機担体に担持された場合が多い
反応相	液相が多い	多くは気相反応物/固体表面
反応温度	溶媒の沸点以下 (多くは 200℃ 以下)	触媒の耐熱温度以下 (〜500℃ 程度)
活　性	低い	高い
選択性	高い	低い
分　離	困難	容易
回収・再生	困難	容易

し，ナノ粒子触媒の場合，反応終了後に温度や pH を変えてコロイド粒子を凝集させ，沈降させることにより，固体粒子として分離し，再使用することが可能である．固体触媒の場合，反応物が気体でも液体でも安定性に優れ，活性も高く，使用できる反応温度領域も広い．しかし，その分だけ選択性が低く，副生物の処理に対処しなければならない．

1.4.2　固体触媒の使途と将来展望

固体の触媒は大別すると，遷移金属，遷移金属酸化物，典型金属酸化物，金属硫化物，金属炭化物，金属窒化物，金属塩など多岐にわたる．表 1.2 に固体触媒の代表的な技術分野における触媒例と化学工業製品をまとめる [2]．

遷移金属のうち，8〜10 族金属（Fe，Ru，Pd，Pt など）と Cu 金属は，水素分子を解離吸着して，水素化反応に活性を示す．8 族金属は C−H 結合の切断にも活性なので水素化分解反応にも触媒として使用される．白金族（Ru，Rh，Pd，Os，Ir，Pt）および Ag，Au 金属は酸素分子を活性化するので，酸化反応の触媒として使用

表 1.2　固体触媒の技術，触媒と化学工業製品（使途）[2]

技術分野	触媒反応	触　媒	工業製品
化学工業	ナフサ分解	Pt/ゼオライト	高オクタン価ガソリン
	オレフィン重合	CrO_3/SiO_2，Cp_2ZrCl_2 メチルアミノキサン $TiCl_4$–$AlEt_3$ $TiCl_3$–$AlEt_3$, $TiCl_3/MgO$	ポリエチレン，ポリスチレン ポリエチレン ポリプロピレン
	オレフィン変換 （部分酸化） （アリル酸化） （アンモ酸化）	酸性樹脂・ヘテロポリ酸 ヘテロポリ酸 Ag/Al_2O_3 Mo–Bi–O Mo–Bi–O 系，Sb–Fe–O 系	C_1～C_3 アルコール類 酢酸 酸化エチレン アクロレイン，アクリル酸 アクリロニトリル，メタクロニトリル
	芳香族変換	V_2O_5–MoO_3 K_2O–V_2O_5 Co–Mn–O K_2O–CrO_3–FeO_3	ベンゼン→無水マレイン酸 ナフタレン→無水マレイン酸 テレフタル酸 エチルベンゼン→スチレン
	パラフィン変換	MgO P_2O_5/V_2O_5	C_1→C_2H_4（酸化カップリング） C_1→無水マレイン酸
	接触改質	Pt/Al_2O_3，Ru/Al_2O_3	異性化・分解・水素化・脱水素化
	NH_3 合成	Fe–K_2O/Al_2O_3，Ru–K/C	アンモニア
	MeOH 合成	CuO–Cr_2O_3，CuO–ZnO–Al_2O_3	メタノール
エネルギー	ナフサ水蒸気改質	Pt，Ru/Al_2O_3	H_2，CO，オレフィン
	石炭変換/石油化	Fe，Co/Al_2O_3	合成石油
	石油分解	固体酸，LaX，ZSM-5	ガソリン，灯油
	燃料電池	Pt/高分子膜	電極触媒
環境関連	石油脱硫/排煙脱硫	Co–Mo/Al_2O_3	R−S→硫黄，$CaSO_4$
	自動車排ガス処理 脱硝（固定源）	Pt，Pd，Rh/Al_2O_3 V_2O_3–WO_3/TiO_2，Co/Al_2O_3	NO_x，CO，H.C. 除去 NH_3 還元
	滅菌，水浄化，防汚	TiO_2，Ag/ゼオライト	光触媒
	脱臭	TiO_2，Mn–Ni–Cu–O 系	

される．

20世紀の後半には地球規模での環境汚染問題が顕在化し，固体触媒にも環境保全という重要な役割が加えられた．大気汚染の元凶であった自動車排気ガスの浄化や，二酸化炭素（CO_2）削減のための新しいエネルギーキャリヤーとして，水素製造や燃料電池が注目され，触媒の果たす役割は，ますます重要である．

将来展望としては，資源エネルギーを節約でき，有害な原料を使わず，副生もしないプロセスの開発が求められている．グリーン・サステイナブルケミストリー（green sustainable chemistry：GSC）の実現を担う新規高性能触媒の開発が切望される．

参考文献

[1] 菊地英一・瀬川幸一ほか（1997）『新しい触媒化学（第2版）』，p.4，三共出版．
[2] 植松慶喜・内藤周弌ほか（2004）『触媒化学（応用化学シリーズ6）』，p.23，朝倉書店．

第2章

固体触媒の構造と触媒反応

無限に続く金属結晶をある方向で切り出すと表面が形成される．切断により露出した表面原子は，一方の側面での最近接原子の結合の欠損により不安定化して再配置を起こし，新しい平衡位置に移される．固体触媒反応の舞台である表面構造の変化は，表面における反応分子の構造や電子状態に著しい変化を及ぼし，触媒活性は大きく変化する．

2.1 固体結晶構造と表面構造

固体触媒の表面構造を考える前に，表面と内部（バルク）を含む固体全体の構造を理解する必要がある．金属の結晶構造は，図 2.1 (a) に示すような細密充填の面心立方構造（face-centered cubic：fcc）か，少し隙間のある図2.1(b) の体心立方構造（body-centered

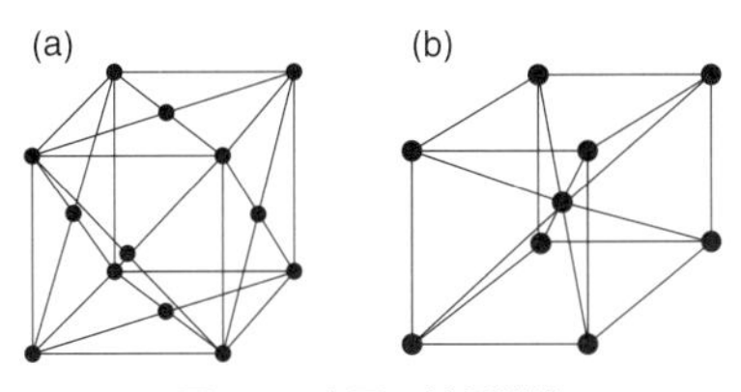

図 2.1 金属の結晶構造
(a) 面心立方，(b) 体心立方．

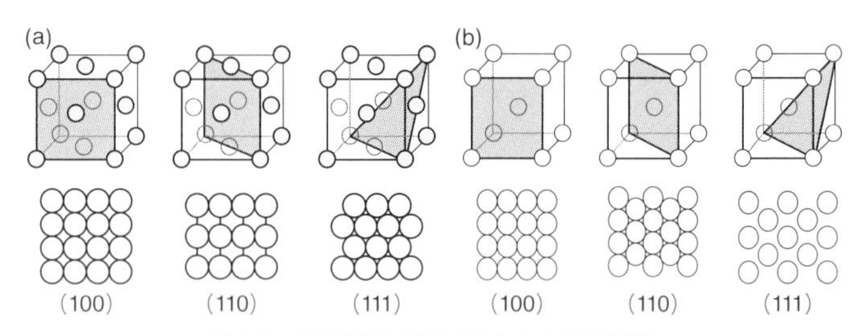

図 2.2　低指数面で切り出された表面構造
(a) 面心立方，(b) 体心立方.

cubic：bcc）がほとんどである．無限に続く面心立方および体心立方の金属結晶を（100)，（110）および（111）の3つの低指数面で切り出したときに出現する表面構造図を図2.2(a)，(b）に示す．

切断により表面で固体がなくなり，露出した表面原子は一方の側面での最近接原子の結合の欠損により不安定化して，図2.3に示すような再配置を起こし，新しい平衡位置に移される [1]．図2.3(a)は結晶内部が露出した表面を，(b）は切断により表面第1層が外側に移動した状態を示し，このようなわずかな変化を“緩和”とよぶ．一方（c）では表面の4原子層に“再配列”が起こっている．固体触媒反応の舞台である表面構造の変化は，表面における反応分子の構造や電子状態に著しい変化を及ぼし，触媒活性は大きく変化する．

2.2　固体触媒反応場の構造

2.2.1　固体表面欠陥

図2.4は，固体表面に存在するさまざまな欠陥構造を模式的に示している [2]．図中の二次元的に広がる平坦な部分をテラスとよ

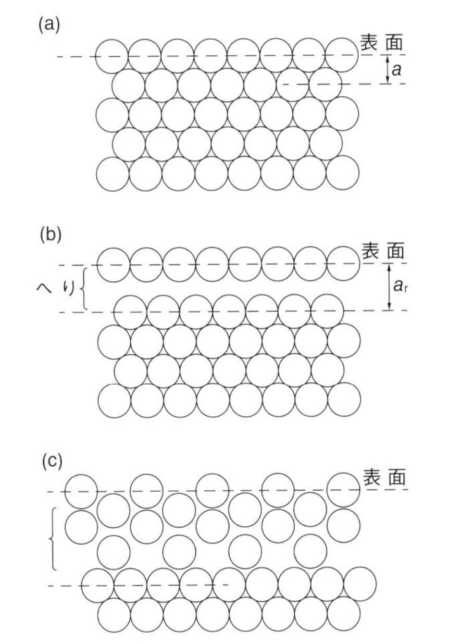

図 2.3　六方細密充填の固体表面での原子位置の再配列［1］
(a)～(c) については木文参照.

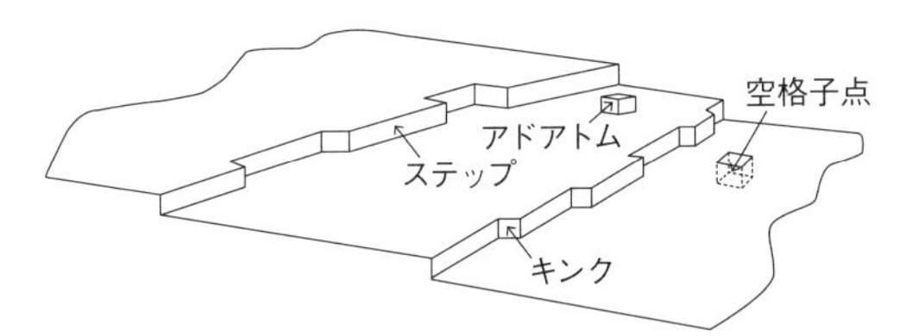

図 2.4　固体のテラス表面に存在する種々の欠陥構造［2］

ぶが，金属表面には1原子分だけ階段状になったステップ，2つのステップが交差したキンク，さらにテラス上に1原子だけ突出したアドアトムや逆にへこんだ空格子点などの欠陥が存在し，触媒活

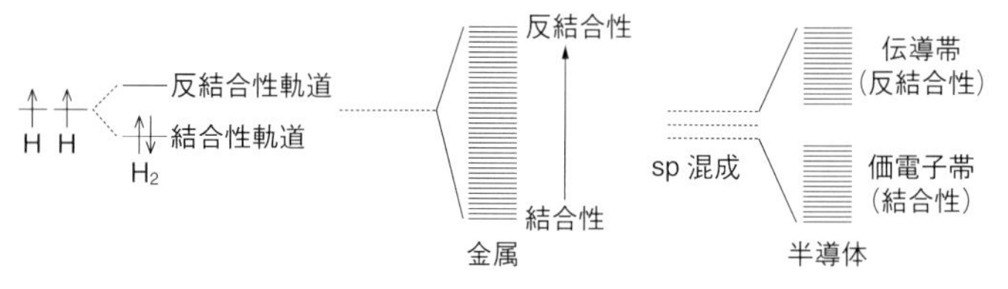

図 2.5　H_2，金属，半導体の電子構造 [3]

性点となることも多い．たとえば，一酸化炭素（CO）の水素化反応で長鎖の炭化水素が生成する反応ではCOの解離吸着はステップやキンクの欠陥サイトで起こりやすく，生成した炭素原子がテラス上に移動して炭素鎖の伸長の起こることが知られている．

2.2.2　固体表面の電子構造

原子やイオンが集まってエネルギーの安定化が起こり，気体分子や固体結晶が生じるとき，原子中の比較的エネルギーの高い電子が荷電子となって原子間で再編成されることにより，化学結合が出来上がる．

図2.5に示すように，水素原子（H）の1s軌道2つから，水素分子（H_2）の結合性軌道と反結合軌道の2つの分子軌道ができる[3]．2個の電子は結合性軌道に入るので結合状態が安定である．この事情は固体結晶の場合も同様であり，固体の原子数に相当する数のエネルギー準位が集まり，バンド（band）構造とよばれる帯状の構造が出来上がる．H_2の場合と同様に，バンド構造も半分から下は結合性のエネルギー準位で，半分から上は反結合性の準位である．金属の場合には結合性と反結合性のバンドは重なっているが，金属酸化物のような半導体では，結合性の価電子帯と反結合性の伝導帯はバンドギャップ（band gap）とよばれる幅で分かれてい

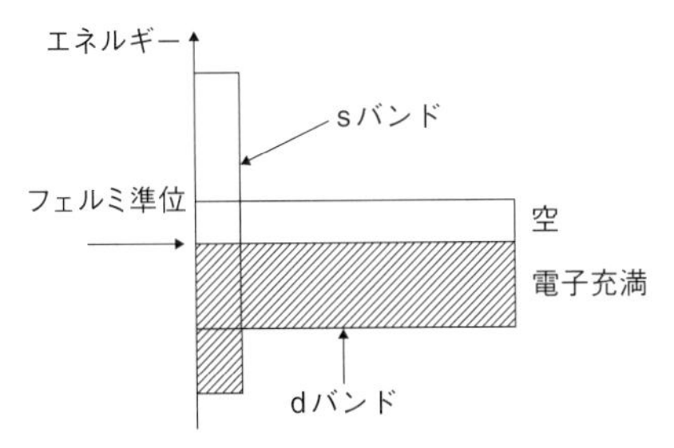

図 2.6 s バンドと d バンドからなる遷移金属のバンド構造［4］

る［3］.

(1) 遷移金属のバンド構造

触媒でよく用いられる遷移金属のバンド構造では，電子の一番上のエネルギー準位をフェルミ（Fermi）準位とよぶ．この準位と反応分子の間の電子の授受により触媒反応が進行する．図 2.6 のように浅い準位のバンドは d 軌道と s 軌道からなり，s バンドは上下に広がって d バンドの下まで張り出している［4］．金属のフェルミ準位近傍にある電子は，容易にすぐ上の空の準位の状態を取り，自由電子となって伝導性をもたらす役割を担う．

(2) 表面バンド構造と吸着

遷移金属表面への酸素の化学吸着を考える．図 2.7 は，酸素原子（O）がパラジウム（Pd）表面と銀（Ag）表面に吸着したときの電子状態を模式的に示している［5］．酸素原子の p 軌道と金属表面バンド構造を金属 d 電子の状態密度（濃い網掛け）と吸着酸素 p 軌道の状態密度（薄い網掛け）に分けて示している．Ag ではフェルミ基準で−1～−2 eV に反結合性のピークが見られ，フリーの酸素原子のピーク（−4 eV）より浅いところに位置するため，酸素の

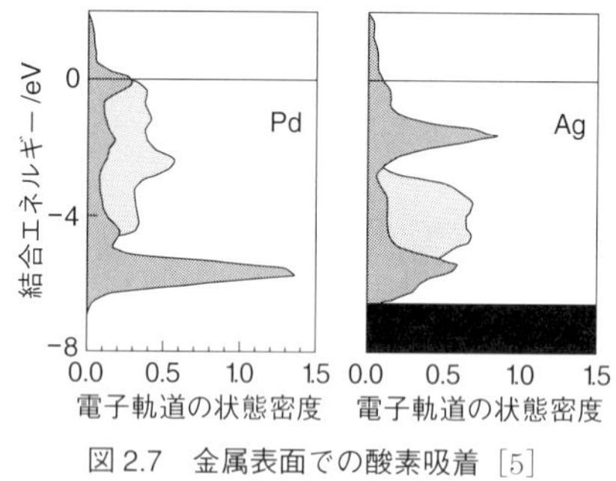

図 2.7　金属表面での酸素吸着［5］

吸着状態は安定ではない．一方，Pd では−5〜−7 eV に結合性のピークが見られ，フリーの酸素原子より深いところに位置するため，吸着酸素は安定化する．このように吸着エネルギーは，フェルミ準位近傍のバンド構造と分子から形成される混成軌道の準位で説明される．

(3) 金属酸化物表面の電子状態

金属酸化物のバンド構造には，絶縁体，半導体から金属に近い状態まで多種があり，さまざまな化学反応に触媒活性を示す．酸化マグネシウム（MgO，マグネシア）や酸化アルミニウム（Al_2O_3，アルミナ）などはイオン結合性が強く絶縁体であり，バンドギャップが大きく，金属と酸素は正負イオンとしてイオン結晶をつくる．一方，酸化亜鉛（ZnO）や酸化スズ（SnO_2）は共有結合性も含み，バンドギャップは比較的小さく半導体性を示す．ZnO の表面には亜鉛（Zn）が露出して電子を受け取りやすいベース（base）面と，酸素が露出して電子を与えやすいエッジ（edge）面が存在し，金属イオンがルイス（Lewis）酸，酸素イオンがルイス塩基としてはたらき，触媒能は著しく変化する．さらに金属酸化物の表面には酸素欠陥が多数存在し，このような欠陥部位が触媒活性点となることも多い．

2.2.3 多元金属（合金）触媒

2種以上の金属が組み合わさった触媒を多元金属触媒という．2種類の金属を混ぜ合わせる場合，金属どうしの結晶構造や原子半径，電気陰性度の大小により，よく混ざり合う場合と混ざりにくい場合がある．混ざり合う場合も固溶体になったり，規則的に配列した金属間化合物などの新たな結晶相を形成したりする．混ざり合わない場合，担体上に超微粒子（クラスター）として互いに共存した状態で高分散担持されたものを合金と区別して“バイメタリッククラスター”とよぶ．これらの代表例として燃料油の改質反応に用いられる白金（Pt）触媒の Pt-Re/Al_2O_3 や自動車排ガス処理に用いられる Pt-Rh/Al_2O_3 がある．

図2.8に示すように，バイメタリッククラスターの構造には，均一固溶や化合物形成による表面濃縮や，チェリー形，島状などさまざまな形態がある [6]．これらの形態は組成や雰囲気，温度によって変化し，多元金属触媒の反応性を多彩なものにしている．

二元合金触媒の場合，触媒活性の高い金属（M）を活性の低い金属（M′）で希釈していくと，M原子の周りの配位子としてM′原子が作用して高活性金属の電子状態に影響を与え，触媒機能も変化する．これをリガンド効果（配位子効果）という．一方，触媒反応に

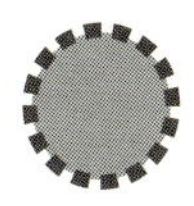

図2.8 バイメタリッククラスターの構造モデル [6]

複数の活性金属（M）からなる集合（アンサンブル）が必要な場合，MをM′で希釈していくと，表面でMが集合する確率は希釈の割合以上に著しく変化することがある．これをアンサンブル効果という．反応を完結するのに必要な表面M原子の数（サイト数）が多い反応ほど，この効果は大きくなる．

2.2.4　固体酸・固体塩基触媒

現在広く使われている酸/塩基の概念はブレンステッド（Brønsted）の“酸/塩基”およびルイスの“酸/塩基”である．前者は水に溶けて「プロトン（H^+）を与えるもの/水酸化物イオン（OH^-）を与えるもの」，後者は反応において「電子対を受け取るもの/電子対を与えるもの」と定義される．固体が酸性を示すという予想外の事実は20世紀初頭に日本人によって見出された．これは粘土が水に湿ったリトマス試験紙を赤変させたことに基づくものであった．このシリカとアルミナを主成分とする白土は石油のクラッキング触媒として用いられ，これが無定形シリカ–アルミナからゼオライトへと発展していった．一方，固体塩基に関してはアルミナ上に金属ナトリウム（Na）を分散させた触媒がオレフィンの骨格異性化反応に高活性を示すことが見出され，固体塩基触媒として認識された．その後，MgOなどの単独酸化物による塩基触媒反応が展開されていった．

シリカ–アルミナなどの二成分系の酸化物が固溶体を形成して固体酸となる場合のように，複数の成分が協調的に相互作用することで単一成分や，それぞれの単純な和よりも顕著に活性・選択性が向上することがある．これらを協奏効果あるいは協同効果（synergetic effect）などとよぶ．酸性発現の場合，「①金属の周りの酸化物イオンの配位数は，固溶体を形成しても単一成分酸化物の配位数が保持される，②固溶体のなかで酸化物イオンの周りの金属イオンの配位数は，主成分酸化物での配位数を継承する」，と仮定すると発現機構を理解できる．たとえば，SiO_2 に少量の酸化チタン（TiO_2，チタニア）を添加した場合，金属イオンの配位数はケイ素（Si）の 4，チタン（Ti）の 6 が維持される．O_2^- の配位数は SiO_2 では 2，TiO_2 では 3 であるが，固溶体では主成分 SiO_2 の配位数を継承する．本来，3 個の金属イオンが取り囲むべき TiO_2 に隣接する O_2^- を 2 個の金属イオンで取り囲んでいるので，負電荷が過剰となる．これを補償して中性を保つため H^+ が表面についてブレンステッド酸性を示す部位（ブレンステッド酸点とよばれる）が形成される．同様な配位数の考察で正電荷が過剰となるときにはルイス酸性を示す部位（ルイス酸点）が発現することが理解できる．

2.2.5 ゼオライトの細孔構造

ゼオライトは $Si(O_{1/2})_4$ 四面体と $[Al(O_{1/2})_4]^-$ 四面体が O を共有して三次元的に連結し，開かれた規則的ミクロ細孔構造をもつアルミノケイ酸塩である（図 2.9）．

一般的な比表面積は 300〜600 $m^2\,g^{-1}$ と大きく，比表面積以外に表面電場や細孔の規則性が吸着特性に影響する．また，細孔径分布が一定で，有機分子の大きさに対応できるため，反応物–遷移状態–生成物の大きさを識別する形状選択触媒となる．

図 2.9(a) に示すように正四面体の重心にある Si やアルミニウム（Al）原子を T 原子とよぶ．Si は 4 価，Al は 3 価なので T 原子が 1 個 Si から Al に換わり負電荷が 1 個増すと，電荷補償のためアルカリ金属イオンや水素イオンが付加する [7]．アルカリカチオンの場合はイオン交換剤として使用され，H^+ の場合，固体酸触媒としてはたらく．

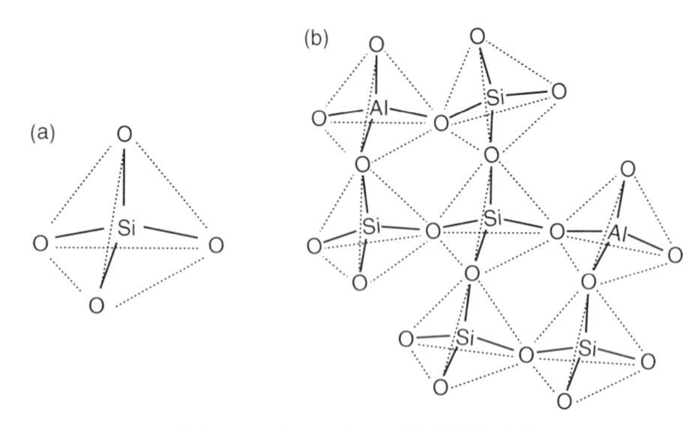

図 2.9　ゼオライトの基本構造［7］
(a) TO_4 構造単位,（b）三次元構造.

2.2.6　メソ多孔体

ゼオライトよりも数倍～1桁近く大きな細孔をメソ孔とよぶ．メソ孔の規則的配列により形成される規則的メソ多孔体は界面活性剤分子が会合したミセルを鋳型として構築され，1000 $m^2 g^{-1}$ 以上の比表面積をもつため，ゼオライトに代わる新材料として期待されている．メソポーラスシリカとしては，日本の研究者による FSM-16 やモービル社による MCM-41 の合成が先駆的な仕事である．生成機構としてはまず，Si のアルコキシド分子が加水分解されてケイ酸モノマーとなり，それらがある程度重合したオリゴマー分子と界面活性剤分子が比較的弱い相互作用で結合して棒状ミセルを形成する．それらがさらに集合して六方晶構造が出来上がるという説が有力である．

多孔体の壁はゼオライトのような結晶性をもたず，むしろ非晶質シリカに類似していることが，IR や NMR の観測から推定されている．界面活性剤のアルキル鎖長を変えることにより細孔径が変化するが，さらに有機分子を共存させることにより，細孔径を最大10 nmまで大きくすることができる．シリカ源に少量のAl，ホウ素（B），ガリウム（Ga），Ti，バナジウム（V），マンガン（Mn），鉄（Fe），スズ（Sn）イオンなどを加えることにより，金属置換メソポーラスシリカを合成できる．シリカ以外にもAl_2O_3，TiO_2，酸化ジルコニウム（ZrO_2，ジルコニア）などの規則的メソ多孔体が合成されているが，シリカに比べ安定性に欠ける．

2.3　固体触媒のキャラクタリゼーション

2.3.1　物理・化学吸着法の利用

（1）細孔分布の測定

多孔性固体触媒の細孔の大きさは，通常0.5〜1000 nmまでの広い範囲にまたがっている．これを1つの方法で測定することは困難であり，領域により次の2つの方法が併用されている．① 0.5〜10 nm：液体窒素温度での窒素吸着法，② 10〜1000 nm：水銀ポロシメトリー法である．窒素吸着法では，毛管凝縮の理論式ケルビン（Kelvin）式

$$\ln\left(\frac{P_i}{P_0}\right)=\frac{[2V_L\gamma_i\cos\theta]}{[r_i RT]}$$

が用いられる．半径r_iの毛管内で気体の凝縮が始まる圧力P_iはその温度での飽和蒸気圧P_0よりも低いことを利用して，P_iを広範囲に変化させて吸着等温線を求め解析することにより細孔分布が求まる．

（2）金属の分散度の測定

金属分散度（metal dispersion；D_M）とは，担持金属触媒における金属微粒子の分散の程度を示す指標であり，$D_M=N_S/N_T$と定義

される（N_S＝金属粒子表面に露出している金属粒子数，N_T＝触媒中の全原子数）．担持金属触媒の単位重量あたりの気体吸着量を測定すれば，表面金属原子1個あたりに吸着する気体分子の数（吸着気体の量論）から表面金属原子の総数が求められる．この数値から，金属の分散度や平均粒子径を計算することができる．測定には

コラム1

シリカ担持Ru触媒上に成長林立する長鎖の炭化水素鎖

ルテニウム（Ru）金属は，Feやコバルト（Co）と同様に合成ガス（CO–H_2）から長鎖の炭化水素を合成する典型的な固体触媒である．還元処理を行ったRu/SiO_2（4 wt%）上に423 KでCOのみを導入すると，吸着COの約4%に相当するCO_2が素早く気相に生成し，表面に解離炭素を残す．一方，還元Ru/SiO_2に室温でCOのみを導入した表面を赤外分光法で観測すると2000 cm^{-1}に強い直線（linear）型の吸着CO（CO(a)と表記）以外に，2146 cm^{-1}と2085 cm^{-1}に弱い双状（twin）型CO(a)が観測される．ところが，423 Kの不均化反応後の赤外観測では，twinピークの強度は著しく弱くなり，不均化反応がこのtwin型CO(a)の吸着サイトで起ることが示唆された．

図に，この触媒上でのCO–H_2反応（423 K）を赤外分光法で観測した結果を示す．2000 cm^{-1}付近のリニア型CO(a)による強い吸収は反応が進行しても変化しない．ところが，2856，2927，2960 cm^{-1}に現れる吸着炭化水素に帰属される吸収は時間とともに著しく強度の増大がみられる．これらの吸収は吸着炭化水素のメチル基とメチレン基に同定され，その強度比から概算される炭化水素の鎖長は30個程度に及ぶ．すなわち，423 KのCO–H_2反応中Ru金属はほぼリニア型CO(a)で覆われているが，前述の約4%のCO不均化反応サイトには炭素数30に及ぶ長鎖の炭化水素鎖が林立していることになる．表面炭化水素鎖を蓄積後，気相を排気すると炭素鎖長は20位まで速やかに減少するが，このときの脱離物はCOとH_2のみであり，炭化水素はまったく観測され

容量法やパルス法吸着装置が用いられるが，担体には吸着せず，金属にのみ選択的に吸着する気体を用いる．気体が金属粒子表面に単分子層で吸着する測定条件を選び，気体分子が金属表面原子と一定の量論比で吸着し，それが金属粒子径や担体により変化しないなどの条件が満たされているかの注意が必要である．気体分子としては

なかった．次に排気後の表面を 408 K にて 10 分間水素で還元すると，CO(a) はほとんど変化しないのに炭素鎖長は 4 程度にまで減少し，多量のメタン（CH_4）の生成がみられた．このように CO–H_2 反応中に蓄積する炭化水素種は気相に CO が存在せず，表面にはだかの Ru 金属が存在する状況では非常に高い反応性をもっていることが明らかとなった．

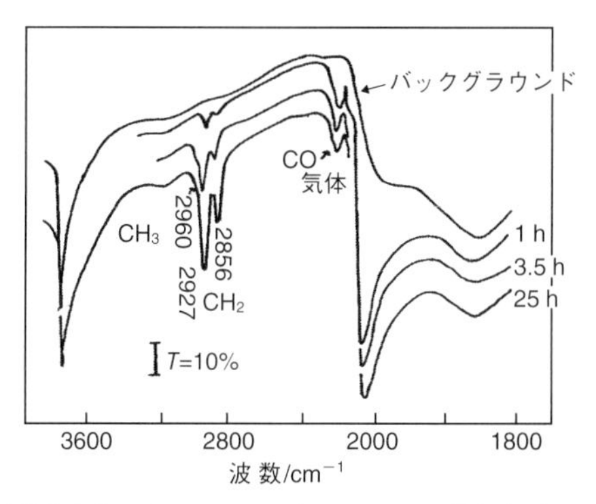

図　赤外分光法による Ru/SiO_2 上での CO–H_2 反応中（423 K）の表面吸着種の経時変化の追跡

[1] Kobori, K., Yamasaki, H., *et al.*（1982）*J. Chem. Soc. Faraday Trans. I.*, **78**, 1473.

[2] Yamasaki, H., Kobori, Y., *et al.*（1981）*J. Chem. Soc. Faraday Trans. I.*, **77**, 2913.

H_2 を用いることが一般的（M：H＝1：1）であるが，より吸着力の強い一酸化炭素を用いることもある．

(3) 表面酸性・塩基性の測定

固体表面の酸性点（酸点）と塩基性点（塩基点）の種類，強度，数の測定には，①気体分子吸着法，②指示薬滴定法，③分光学的方法の3種類がある．以下に各測定法を酸点と塩基点に分けて説明する．

(A) 酸性点：①アンモニアなどの塩基性気体の吸着等温線を，吸着温度を変えて測定すれば，吸着熱と吸着量から酸点の強度と量を求めることができる．しかし，低圧での等温線の測定を精度よく行うのは難しく，実際には熱量計を用いる方法と昇温脱離法が利用される．②古くからジョンソン（Johnson）法あるいはベネシー（Benessi）法として知られており，シクロヘキサンなどの無極性溶媒中で *n*-ブチルアミンを吸着させた試料に指示薬を加えて変色を観測し，指示薬の種類から酸強度を，*n*-ブチルアミンの量から酸量を算出する方法である．指示薬には一連のハメット（Hammett）指示薬を用い，強度はハメットの酸度関数 H_0 で表される．溶液中で行うため，吸着平衡に長時間を要し，指示薬の変色の観察が難しいという欠点がある．③赤外分光法を用い，ピリジン分子の吸着状態を測定することにより，ブレンステッド酸点（B 酸点）とルイス酸点（L 酸点）を区別する．前者に吸着するとピリジニウムイオンに帰属される 1540 cm^{-1} と 1490 cm^{-1} の吸収が観測され，後者に吸着すると配位吸着したピリジンに帰属される 1490 cm^{-1} と 1450 cm^{-1} に吸収を示す．吸着ピリジンの排気温度を変えて赤外分光法（IR）を測定すると，脱離温度を酸強度の尺度としたB 酸点とL 酸点の強度分布を求めることができる．

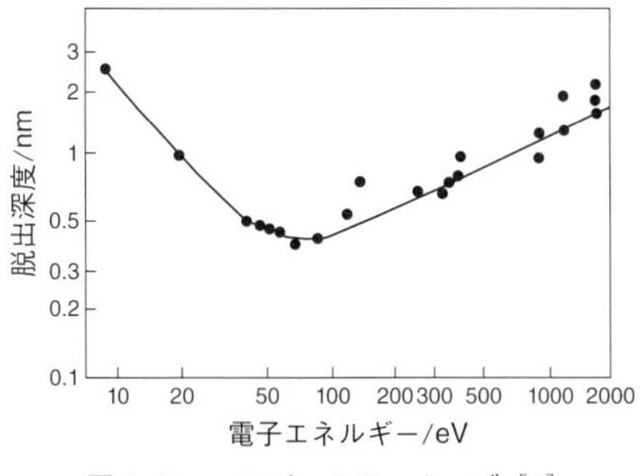

図 2.10　ユニバーサル・カーブ [8]

(B) 塩基性点：塩基点についても酸点測定と同じ手法を用いることができる．滴定法では，n-ブチルアミンの代わりに安息香酸を用い，ハメットの酸度関数 H^- で塩基点の強度と量を測定できる．気体分子の吸着ではアンモニアやピリジンの代わりに二酸化炭素分子を用い，昇温脱離法や赤外分光法で塩基点の強度と量が測定できる．

2.3.2　表面分光法の利用

固体触媒の表面に光や電子，イオンを照射すると，さまざまな相互作用の後に光，電子，イオンが放出される．それらのエネルギーを解析することにより，表面の電子状態に対する情報を得ることができる．図 2.10 に表面から放出される電子の運動エネルギーと表面からの脱出深度の関係を示す．この図から電子の運動エネルギーが 50～100 eV のときに脱出深度が最小になる．この関係は種々の表面分光法に共通していえることであり，ユニバーサル・カーブとよばれることもある [8].

(1) 電子顕微鏡（TEM，SEM）

図 2.11 に示すように，高エネルギーの電子を試料に照射すると，

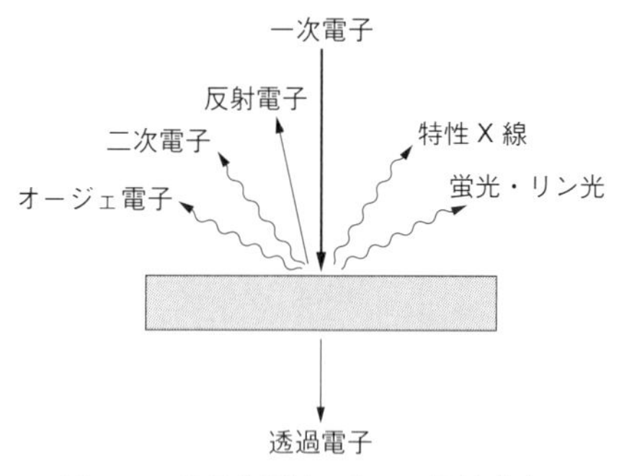

図 2.11　電子線照射で生じる信号 [9]

試料を透過する電子のほかに，二次電子や特性X線が発生する．透過電子を電子レンズにより集光し結像させるのが透過型電子顕微鏡（transmission electron microscope：TEM），照射電子で試料表面を走査し，各位置から発生する二次電子を測定して，試料の凹凸を観測するのが走査型電子顕微鏡（scanning electron microscope：SEM）である [9]．

TEM では薄膜や微粒子状の試料を透過した電子線を結像させて顕微鏡として観察し，試料内部の組織，構造，組成を調べることができる．数十万倍の低倍率では試料の形態，格子欠陥，粉末試料の分散度などが調べられ，百万倍以上の高倍率では，おもに原子配列を観察する．最もよく利用されている顕微鏡では，電子の加速電圧は 200 kV であり，その分解能は 0.2 nm に達し，原子の配列を直接見ることができる．

(2) X 線光電子分光法（XPS）

別名，ESCA（electron spectroscopy for chemical analysis）ともよばれる XPS（X-ray photoelectron spectroscopy）の装置概略を図

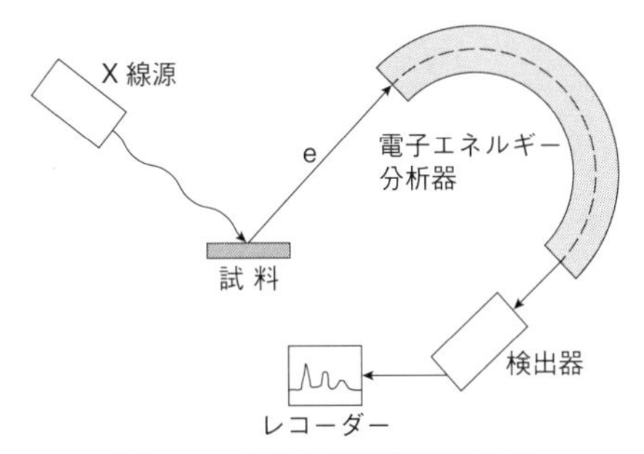

図 2.12　XPS の装置概略図［10］

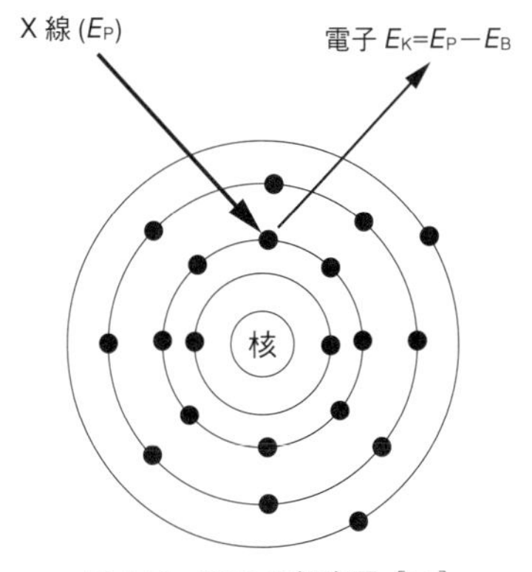

図 2.13　XPS の概念図［11］

2.12 に示す［10］．K_α（1254 eV）または Al の K_α（1486 eV）の X 線（E_P）を試料に照射すると，表面原子の内殻の電子がはじき出される．電子は核および周りの電子により束縛（E_B）されているので，放出電子は $E_K=E_P-E_B$ の運動エネルギーをもっている（図 2.13）．したがって，放出電子の運動エネルギーを測定すれば電子が束縛されているエネルギー，すなわち結合エネルギー（E_B）を

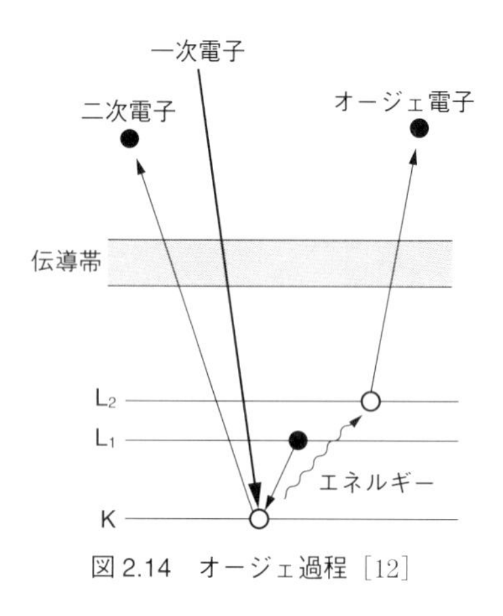

図2.14　オージェ過程［12］

知ることができる．結合エネルギーは注目する元素の原子価や配位数で変化する．元素の核の正荷電が大きいほど電子は強く束縛されているので，放出される電子の運動エネルギーは小さくなり，E_B は大きくなる．また，酸化数の大きいほうが周囲の電子の数は少ないので強く束縛され，E_B は大きくなる［11］．

(3) オージェ電子分光法（AES）

構成原子の内核電子の結合エネルギー以上のエネルギーをもつ電子またはX線を試料に照射すると，励起により二次電子が飛びだす．この電子には内核の軌道から直接真空中に飛び出すものと，図2.14に示すように，ある軌道の電子（たとえばK核の電子）が飛び出してできた空孔へ他の軌道にある電子（たとえば L_1 核の電子）が落ち込み，そのとき放出されるエネルギーにより，3番目の軌道（たとえば $L_{2,3}$ 核）の電子が飛び出すものがある．後者の電子遷移過程をオージェ遷移，飛び出した電子をオージェ電子という．オージェ遷移では3つの軌道が関係するので，この例では$KL_1L_{2,3}$遷移とよぶ［12］．このとき，オージェ電子のもつ運動エネルギーは$E=E_K-E_{L1}-E_{L2,3}$で表され，励起源のエネルギーに依存せず元素の同定が容易である．オージェ電子分光法（Auger electron spectroscopy）では通常10〜2000 eVのエネルギー順位にある電子を測定するが，このエネルギー範囲の電子の脱出深度は0.5〜2 nmであり，表面近傍で生じた電子が観測されることになる．

(4) 低速電子回折（LEED）

500 eV以下の低速電子を固体触媒に照射すると，表面数層までの領域で物質と強く相互作用して反射される．このとき，表面原子の形成する格子により回折が起こり，表面原子の配列を調べることができる．これが低速電子回折（low-energy electron diffraction：LEED）である．電子の加速電圧E(V）とすると，電子の波長は，$(1.5/E)^{1/2}$ nmで表され，原子間隔程度になる．いま，原子間隔がaの表面原子列の電子線が垂直入射して表面垂直方向からθの角度で反射すると，隣り合う2つの原了で反射した波の行路差は$a\sin\theta$である．この行路差が電子の波長の整数倍になるとブラッグ（Bragg）条件を満たす．この回折現象は，原子配列が100 nm程度まで秩序構造を維持すると，顕著な強度分布を示す．阻止電場半球型の分光器では，この回折像は蛍光スクリーンに輝点となって観測される．これをLEEDパターンとよび，その対称性を調べることにより規則的表面原子配列を決定できる．

(5) X線吸収広域微細構造（EXAFS，XANES）

X線吸収スペクトルでは，試料の厚みをl，X線吸収係数をμとすると，吸収（μl）と透過率Iの間には$\mu l=\ln(I_0/I)$なる関係が

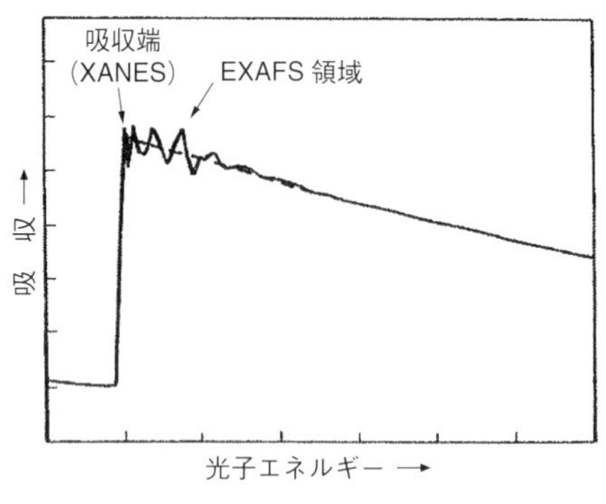

図 2.15　EXAFS の振動構造 [13]

成り立つ．吸収はX線エネルギーに対して単調に減少するが，試料中に含まれる原子の内核電子の結合エネルギーに相当する点で不連続に飛躍し，ふたたび単調減少する．この様子を図2.15に示すが，飛躍するエネルギー位置を吸収端とよぶ [13]．飛躍の高さは原子濃度に比例し，吸収端のエネルギーは原子により異なるため，試料中の原子の種類と濃度を決めることができる．これをXANES（ザネス；X-ray absorption near edge structure）とよぶ．この吸収端の高エネルギー側 1000～2000 eV までの単調減少部分に吸収端飛躍の数%以下の大きさの振動微細構造が観測される．このEXAFS（イグザフス，extended X-ray absorption fine structure）とよばれる微細構造は，X線照射により吸収原子から飛び出した光電子が，周囲の原子に散乱されてふたたび原子核の位置に戻ってひき起こす干渉現象であると考えられ，静水面に石を投げ込んだときの波紋にたとえられる．EXAFS 関数をフーリエ（Fourier）変換してやれば，未知物質の周辺原子の種類，配位数，原子間距離などが決定できる．

(6) ESR, NMR, 赤外分光法 (IR)

固体触媒で，不対電子をもつ吸着種，固体中の欠陥，遷移金属イオンなど常磁性種をもつ試料を磁場の中に置くと，不対電子のエネルギー準位はゼーマン（Zeeman）効果により分裂する．分裂の仕方は不対電子の周囲の環境を反映するので，マイクロ波で励起したスペクトルを解析して触媒表面の性質を調べることができる．吸着によりアニオンラジカルを形成するニトロベンゼンのような有機物を固体触媒に吸着させ，生成したラジカルの量をESR（electron spin resonance，電子スピン共鳴）測定で観測することにより，表面の電子供与点（還元点）を知ることができる．

固体高分解能MASNMR（magic angle spinning nuclear magnetic resonance）の利用で，固体触媒のミクロな化学構造を知ることができる．磁場に対して，試料をマジック角度（54.7°）で高速回転させることにより，固体試料でも溶液試料と類似の吸収線幅の狭いスペクトルを得ることが可能である．

赤外分光法（infrared spectroscopy：IR）は，ことに固体触媒表面に吸着した簡単な無機分了（H_2，CO，　酸化窒素（NO），NH_3）やさまざまな有機分子の測定に適している．各分子に固有の振動スペクトルの吸着による吸収波数の変化から吸着構造に関する情報を，また吸収強度から吸着量を定量することが可能である．とくに実際に反応が起こっている状態での吸着種のその場（*in situ*）観察により，反応中間体や反応機構の研究に用いられている．

(7) 走査型トンネル顕微鏡 (STM) と原子間力顕微鏡 (AFM)

STM（scanning tunneling microscopy）は，鋭利な金属短針（ピエゾ素子）を固体触媒表面に1 nm程度まで接近させ，流れるトンネル電流を一定に保ちながら試料表面に平行に操作させることにより表面の凹凸像を観測する．STMでは固体表面を構成する個々の原子あるいは個々の吸着分子を画像として見ることが可能であり，機能の異なった活性点で同時に進行する素過程を区別して観測できる．導電性をもつ試料であれば，金属，半導体，金属酸化物，硫化物，炭化物などへの適用が可能である．

STMではトンネル電流を信号とするのに対し，AFM（atomic force microscopy）では探針と試料の間にはたらく力に起因する信号が一定になるように探針の位置を制御しながら表面に平行に走査することにより，表面構造に関する情報を得る．STMと異なり試料の導電性を必要としないため，気固界面のみならず，液固界面での触媒反応を原子レベルでその場観察が可能である．

2.3.3　表面吸着種の状態の観測

(1) 昇温脱離法（TPD）と昇温反応法（TPR）

固体触媒を加熱して，気相に脱離する分子を観測する手法を，昇温スペクトル法とよぶ．このうち，真空ないしは不活性ガス気流中で脱離してくる分子を観測する方法をTPD（temperature programmed desorption），流通気体（H_2，O_2，COなど）と固体表面の反応を観測する方法をTPR（temperature programmed reaction）とよぶ．とくに水素などの還元剤を流通させて固体の還元過程を観察する場合，昇温還元（TPR；このRはreduction）とよぶこともある．

固体触媒の酸点や塩基点の数や強度の測定にNH_3–TPD法やCO_2–TPD法がよく用いられる．前者の場合，固体酸点に塩基性気体であるNH_3を吸着させ，その後昇温して脱離してくるNH_3の脱離温度と量から表面酸点の強度や量を求めることができる．

(2) 赤外反射吸収法 (IRAS)

IRAS (infrared reflection-absorption spectroscopy) は，光学的に平滑な金属表面に赤外光を表面すれすれに入射させて反射光を解析する測定法で，単結晶表面や多結晶膜を試料とし，清浄表面の汚染を避けるため，実験は 10^{-8} Pa 以下の超高真空下で行われる．本法には表面選択則が存在し，吸着種の構造の決定に役立つ．金属表面近傍では基盤に垂直な偏光 (P 偏光) が表面電場により強められるため，表面に垂直な振動のみが赤外活性モードとなり，表面に平行な振動は赤外不活性である．逆に基盤に水平な偏光 (S 偏光) では吸着分子の振動モードは互いに打ち消しあい，観測されない．気体分子にはこのような選択則は成り立たないので，S 偏光と P 偏光の差スペクトルから，気相存在下での吸着種の赤外スペクトルを得ることができる．

(3) 電子エネルギー損失分光法 (EELS)

EELS (electron energy loss spectroscopy) では，運動エネルギーのそろった電子を試料に当て，反射や透過される電子のエネルギー損失をエネルギー分光器で測定する．固体触媒で起こる非弾性散乱過程には表面原子振動 (フォノン) に起因する 500 meV 以下のエネルギー損失，バンド間の電子遷移やプラズモン励起に伴う数十 eV までの損失，内核準位から空準位への電子遷移に基づく数百 eV 以上にも及ぶ損失に分けられる．

触媒表面吸着種に直接関係するものとして高分解能電子エネルギー分光法 (HREELS；high resolution EELS) がある．この分光法は数 eV の低速電子線の反射に伴うエネルギー損失を数 meV 以下の分解能で測定するものであり，表面における原子や分子の振動モード (双極子散乱，衝突散乱，共鳴散乱) を観測でき，吸着過程や表面反応で形成される表面吸着種の同定に用いられる．

(4) モデル触媒を用いた検討

固体触媒の性質を調べる方法のひとつに，反応機構がよくわかっている反応を利用することがある．性質が未知の触媒上で反応機構が既知の反応を行い，その反応挙動から触媒の性質を推定する．以下に典型例を示す．

①同位体交換反応：触媒が反応分子を解離吸着するか否かは，同位体交換反応で調べられる．水素分子の解離能を知るには $H_2+D_2 \rightleftharpoons 2\,HD$ 反応を用いる（D はジュウテリウム，^{2}H）．ほとんどの遷移金属触媒でこの反応は進行し，解離吸着水素はオレフィンの水素化を活性化する．したがって，この反応は同時に，水素化能の有無を推定できる．

同様にアンモニア合成に重要な窒素分子の解離能は，次の反応で推定できる．

$$^{14}N_2 + {}^{15}N_2 \rightleftharpoons 2\,{}^{14}N^{15}N$$

また，一酸化炭素が解離吸着するか，分子状吸着なのかを調べるには，次の反応を利用できる．

$$^{12}C^{18}O + {}^{13}C^{16}O \rightleftharpoons {}^{12}C^{16}O + {}^{13}C^{18}O$$

②ブテンの異性化反応：図 2.16 に示すように C4 炭化水素であるブ

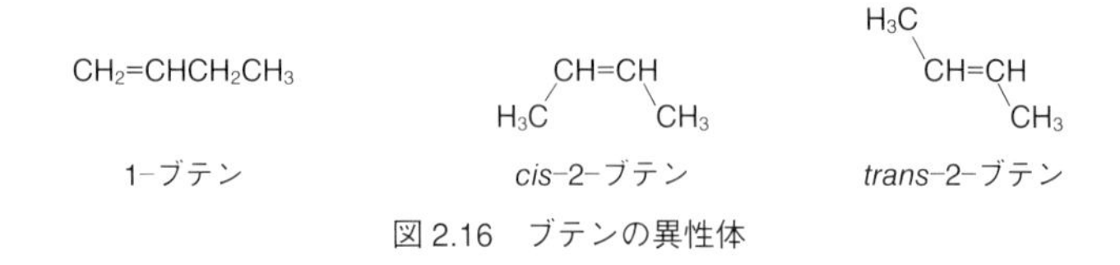

図 2.16　ブテンの異性体

テンは触媒の酸塩基性や金属性によりシス体とトランス体の異性化が観測されるため，触媒の性質を調べる格好のモデル反応である．

酸性の触媒表面では，第二級カルベニウムイオン中間体の2個の等価な水素のどちらか一方が等しい確率で引き抜かれることにより，シス/トランス比が1：1の2-ブテンが生成する．塩基性の表面では，中間体のアリルアニオンはシス型とトランス型の2種類があるが，シス型のほうが安定なため，シス/トランス比は1よりもずっと大きくなる．水素存在下の金属表面では二重結合の一方への水素原子の付加によるアルキル中間体が生成したのち，水素引抜きが起こり，シス/トランス比はおよそ1になる．

このように，1-ブテンの異性化で生成する2-ブテンのシス/トランス比が1より大きく5程度を示す場合，触媒表面は塩基性，すなわち水素の共存なしで異性化が進行し，シス/トランス比が1付近のときは酸性，水素共存下でのみ異性化が進行し，シス/トランス比がほぼ1のときは金属的表面であると推定することが可能である．

③アルコール分解反応：アルコールは以下に例を示すように，脱水反応でオレフィン，脱水素反応でアルデヒド（第一級アルコール）やケトン（第二級アルコール）を生成する．

$C_2H_5OH \rightleftharpoons CH_2{=}CH_2 + H_2O$　　酸性触媒

$2\,C_2H_5OH \rightleftharpoons C_2H_5{-}O{-}C_2H_5 + H_2O$　　酸性触媒

$C_3H_7OH \rightleftharpoons C_2H_5CHO$　　塩基性触媒・金属触媒

$CH_3CH(OH)CH_3 \rightleftharpoons CH_3COCH_3 + H_2$　　塩基性触媒・金属触媒

生成物の分布から，触媒の酸性，塩基性，金属性を推測することができる．

アルコールと類似の反応にギ酸（HCOOH）の分解反応があるが，

以下に示すように酸性触媒では脱水，塩基性触媒や金属では脱水素反応が進行する．

$$\mathrm{HCOOH} \begin{cases} \nearrow \mathrm{CO + H_2O} & \text{酸性触媒} \\ \searrow \mathrm{CO_2 + H_2} & \text{塩基性触媒・金属触媒} \end{cases}$$

参考文献

[1] Prutton, M. 著，川路紳治 訳（1977）『表面の物理』，オックスフォード物理学シリーズ 11，p.3，丸善出版．
[2] 上松慶喜・内藤周弌ほか（2004）『触媒化学』，応用化学シリーズ 6，p.38，朝倉書店．
[3] 上松慶喜・内藤周弌ほか（2004）『触媒化学』，応用化学シリーズ 6，p.41，朝倉書店．
[4] 上松慶喜・内藤周弌ほか（2004）『触媒化学』，応用化学シリーズ 6，p.42，朝倉書店．
[5] 上松慶喜・内藤周弌ほか（2004）『触媒化学』，応用化学シリーズ 6，p.45，朝倉書店．
[6] 上松慶喜・内藤周弌ほか（2004）『触媒化学』，応用化学シリーズ 6，p.108，朝倉書店．
[7] 小松隆之 分担執筆（触媒学会 編）（2008）『触媒便覧』，p.351，講談社．
[8] Riggs, W. M., Parken, M. J., *et al*.（1975）“Method of Surface Analysis”, Elsevier.
[9] 菊地英一・瀬川幸一ほか（1997）『新しい触媒化学（第2版）』，p.212，三共出版．
[10] 大西孝治（日本化学会 編）（1987）『触媒－その秘密を探る』，新化学ライブラリー，p.164, 大日本図書．
[11] 菊地英一・瀬川幸一ほか（1997）『新しい触媒化学（第2版）』，p.214，三共出版．
[12] 菊地英一・瀬川幸一ほか（1997）『新しい触媒化学（第2版）』，p.215，三共出版．
[13] 菊地英一・瀬川幸一ほか（1997）『新しい触媒化学（第2版）』，p.216，三共出版．

第3章

固体触媒の調製と評価

固体触媒の調製には，界面特有のさまざまな物理・化学的変化が含まれ，これらすべての過程を再現性よく行うには，その原理を十分に理解しておくことが望ましい．本章では，いくつかの典型的な固体触媒の調製法を取り扱い，調製の本質と評価，さらには調製した触媒の活性試験法について述べる．

3.1　調製原理

固体触媒の反応場は表面なので，できるだけ比表面積（固体全体（バルク）に対する表面の割合）の大きいことが望ましい．したがって，多くの固体触媒は微細粉末や多孔質体である．また，高表面積無機担体に触媒成分を担持させた担持固体触媒では，有効成分が担体表面に高分散に存在する必要がある．そこで固体触媒の調製では，比表面積の大きな固体をつくり，その表面構造を制御することが望ましい．触媒調製の過程には固相，液相，気相とこれらの界面での複雑な物理・化学変化が含まれるため，再現性よく触媒を調製することは必ずしも容易ではない．触媒調製の基本的単位操作と制御因子を以下に述べる．

①沈殿：沈殿生成の制御因子としては，溶液の濃度，温度，撹拌速度，沈殿核生成後の熟成の温度，時間，pH など，さまざまなもの

を挙げることができる．沈殿生成速度は相対過飽和度比（$Q-S$）/S に比例する（Q＝沈殿成分イオンの沈殿生成前の濃度，S＝溶解度）．この比が大きいと，沈殿核が多数生成するので粒子径の小さな沈殿が得られるし，小さいと沈殿の粒子径は大きくなる．したがって，できるだけ小さな沈殿がほしい場合は，溶液濃度を高く，温度を低く，撹拌を速くして熟成時間を短くすればよい．

②沪過と水洗：沈殿生成後，不純物の混入を避けるため速やかに沪別，洗浄を行う．洗浄後の熟成を行うと小径粒子の再溶解と大径粒子の成長が起こるため，粒子径が揃い，小径粒子に含まれていた不純物が溶液中に分離されるので純度が向上する．

③含浸とイオン交換：含浸プロセスの制御因子は，金属塩の種類や濃度，含浸の温度と時間などである．これらは触媒活性成分と担体の特性に大きく依存するが，一般的には含浸液濃度が低く，含浸温度が高く，含浸時間が長いほど均一に担持される．触媒成分と担体表面の相互作用が大きいときには，担体に強く固定され高分散担持するが，相互作用が小さく，弱く固定される場合には乾燥時に担体の外表面に凝集し低分散となる．担体をその等電点よりも低いpHの水溶液中におくと，式（3.1）に示すように正電荷を帯びてアニオンを吸着しやすいが，pHが高くなると負電荷を帯びるためカチオンを吸着しやすくなる．したがって，吸着種の電荷と担体の電荷が反対になるような等電点をもつ担体を選べば高分散化することができる．

$$\mathrm{M-OH_2^+} \rightleftharpoons \mathrm{M-OH} \rightleftharpoons \mathrm{M-O^-} \quad + \quad \mathrm{H^+} \qquad (3.1)$$

$$\text{小} \longleftarrow \mathrm{pH} \longrightarrow \text{大}$$

イオン交換法の場合では担体の特性に合わせた担持操作が必要である．シリカ-アルミナは低pH領域ではH^+を解離できないため，まずアンモニア水で処理してNH_3^+とした後に，金属イオンと交換担持する工夫がなされている．酸化処理活性炭も表面にイオン交換可能なカルボキシ基をもつため，シリカ-アルミナと同様な担持操作が可能である．シリカでは高 pH 領域でシラノール基（−SiOH）がH^+を解離するため，通常のイオン交換が可能となる．

3.2　種々の固体触媒調製法

3.2.1　担持金属触媒

触媒活性の高い金属の超微粒子（クラスター）の形状を安定に保つために，大きな表面積の酸化物などに高分散担持した触媒を，担持金属触媒という．調製原理のポイントは，金属の前駆体となる金属イオンと担体表面との相互作用の仕方とその大きさにある．水素還元の際に前駆体が担体上を移動できる場合は，先に生成した金属微粒子が還元中心となり，粒子成長が進行してしまう．そのため，前駆体の移動を阻止する工夫が必要である．一方，前駆体と担体の相互作用が強すぎると金属への還元が進行しなくなるジレンマがある．したがって，適切な担体と前駆体の組合せを選択することが，高分散金属触媒調製には非常に重要である．

担持金属触媒は通常，次の 3 種類の含浸プロセスで調製される．

①**蒸発乾固法**：任意の前駆体濃度の含浸溶液を作製し，そこに一定量の担体を浸した後，溶媒を蒸発乾固することにより担持触媒を得る．担持量は含浸溶液の濃度と量で自由に調節できるが，前駆体と担体との相互作用が小さいときには，溶液中で前駆体の結晶化が起こり，均一な高分散触媒にはなりにくい．

②**平衡吸着法**：含浸したのち，担体表面に吸着されなかった前駆体を沪過し，洗浄することにより除去する方法．均一な高分散触媒が

得られるが，担持量制御は難しい．

③インシピエント ウェットネス（Incipient wetness）法：含浸溶液の量を最小限に抑え，担体表面全体に行き渡ったところで添加を止める方法．担体の細孔容積をあらかじめ測定しておき，細孔を埋めるのに過不足のない含浸溶液を用いるポアフィリング（pore filling）法が一般的である．

コラム2

逆ミセル法で調製した担持金属微粒子の安定性

通常のミセルとは逆に，水滴を油層が覆った逆ミセル（reverse micelle：RM）を用いた微粒子の調製法は，数 nm サイズの単分散超微粒子が得られることから，金属や金属酸化物の超微粒子の調製に利用される．図（a）には AOT（1,2-ビス(2-エチルヘキシル)スルホコハク酸ナトリウム）/ヘプタン系逆ミセル中に Pt 前駆体を溶解し $NaBH_4$ で還元した際に得られる Pt 超微粒子の TEM 像を示す．写真より平均粒子径 3 nm の単分散の Pt 超微粒子が得られることがわかる．

このような逆ミセル内水溶液を反応場に利用して，均一な金属超微粒子を金属酸化物上に担持する方法としては，（1）同一の逆ミセル内に金属超微粒子と担体酸化物微粒子を逐次的に調製する方法と，（2）別々の逆ミセルに金属と担体微粒子を調製後，混合する方法が考えられる．（1）の手法で調製した Pt 超微粒子逆ミセル溶液にテトラエトキシシラン（TEOS）を添加して逐次的に逆ミセル内で加水分解して Pt/SiO_2(RM) を調製したところ，Pt 超微粒子が球形の SiO_2 上に高分散した触媒が得られた．この試料を 573 K で加熱処理した後の TEM 像を図（b）に示すが，Pt 粒子の分散性にほとんど変化は見られず，Pt 微粒子が安定に固定化されていることがわかる．一方（2）の手法に従い，AOT/ヘプタン系逆ミセルを用いて Pt 超微粒子と SiO_2 微粒子を別々に調製し，それぞれの還元および加水分解が終了した後に両者を混合したところ，図（c）

3.2.2　複合酸化物触媒

複合酸化物触媒は米国のStandard Oil of Ohio（SOHIO）社がプロピレンからアクロレインやアクリロニトリルを製造する酸化反応に酸化ビスマス（Bi_2O_3）と酸化モリブデン（MoO_3）の２種類の酸化物を混合した触媒を開発したことに端を発し，現在では種々の炭化水素の部分酸化反応に，複数の金属イオンの共沈法を用いて調製

のTEM像でわかるようにPt微粒子はSiO_2上に凝集して担持された．したがって，前者の逐次加水分解調製法では，先に生成したPt微粒子は後から添加されるTEOSの加水分解の核となり，その結果生成するSiO_2のネットワーク中に埋め込まれたかたちで固定化され，安定化している可能性が強い．

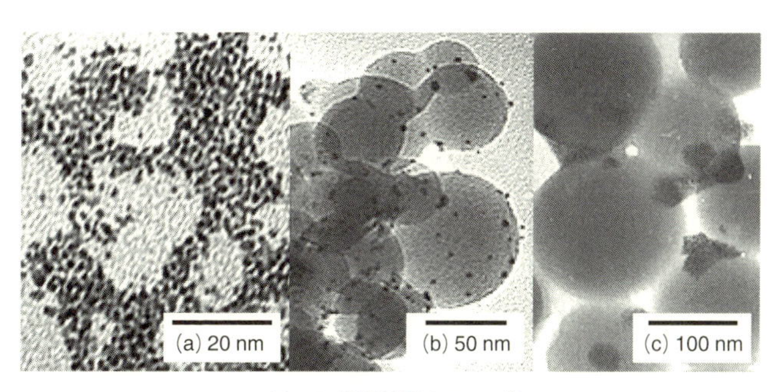

図　Pt超微粒子のTEM像
(a) AOT/ヘプタン系で調製されたPt超微粒子
(b) 逐次加水分解調製法により調製されたPt/SiO_2(RM)
(c) Pt（RM）とSiO_2（RM）の混合による調製

[1] Naito, S., Ue, M., *et al.* (2005) *J. Chem. Soc., Chem. Comm.*, 15563.
[2] Miyao, T., Suzuki Y., Naito, S. (2000) *Catal. Letts.*, **66**, 197.

されている．金属イオンの多くはpHを高くすると水酸化物として沈殿するので，その性質を利用して共沈法が可能である．2種類以上の金属イオンを含む混合水溶液に塩基を加えて水酸化物を同時に沈殿させ特定の雰囲気で焼成することで，さまざまな複合酸化物触媒が調製できる．

3.2.3　ラネーニッケル触媒とマグネシア触媒

ラネー（Raney）ニッケル触媒はAlとニッケル（Ni）の合金であるが，これをNaOHなどの塩基性水溶液で処理すると，Alのみが溶解してNi金属が残る．溶出したAlの占めていた部分が細孔となり，多孔質のNi金属触媒を得ることができる．担体を用いずに高表面積の金属触媒を調製する代表的な方法である．類似の手法で銅（Cu），Co，Ruなどのラネー金属触媒を調製することが可能であり，カルボニル基やニトリル基をもつ有機化合物の水素化反応によく用いられる．一方，Mgの水酸化物や硝酸塩，酢酸塩などを熱分解すると，気体を発生して軽石のような細孔が形成され，高表面積のマグネシア（酸化マグネシウム，MgO）が得られ，固体塩基触媒としてよく利用される．

3.2.4　ゾル-ゲル法による触媒調製

ゾル-ゲル法は，金属アルコキシドなどの有機金属化合物や金属塩から生成するゾル（液状コロイド）を出発物質とし，その溶液中での加水分解や重合反応を経て，ゲル（ゾルが流動性を失い網目構造となった固体）として固化させる．ゲル中では金属イオンが原子レベルで均一に分散しており，固化する際の熱拡散による粒子成長が一定に揃えられるメリットがある．さらに鋳型剤（template）を用いてコロイド形成の段階で構造設計を行い，それがそのまま固体の状態に反映されるように工夫することも可能である．

3.2.5　ゼオライトや規則性メソポーラスシリカ

ゼオライトは元来天然に存在する粘土鉱物で，沸石ともよばれる結晶性アルミノケイ酸塩の一種である．近年，天然には存在しない，より精緻な構造をもった人工ゼオライトも多数合成され，分子ふるい能やカチオン交換能を利用してイオン交換体，吸着剤，固体触媒として多用されている．人工的にはゼオライトは高温や高圧の水の存在のもとで行われる水熱反応を利用して合成される．常温付近では水に溶けない物質も，高温・高圧の水にはわずかに溶解性を示し，安定な状態に向けて化学反応が進行し結晶化する．ゼオライトの合成はおもに 500 K 以下の温度でオートクレーブを用いて行われる．原料としては，ケイ酸ナトリウムなどのシリカ源，アルミン酸ナトリウムなどのアルミナ源，水酸化ナトリウムなどのアルカリイオン，さらに鋳型剤として TEA（テトラエチルアンモニウム）などを加えることもある．

界面活性剤分子のミセルを鋳型剤とすると，1000 $m^2\ g^{-1}$ 以上の高表面積でハニカム状の規則構造をもつメソポーラスシリカ MCM-41 を合成できる．前述のゼオライト水熱合成において，アルキルトリメチルアミンのような有機アミン界面活性剤は適切な濃度条件下では親水基を外側にした円筒状のミセルを形成する．このミセルを鋳型剤とし，その外側にシリカの外壁をつくるとハニカム状の規則構造ができる．焼成により鋳型剤を除去すると，ハニカム構造を保ったままの非結晶性多孔体のシリカ（MCM-41）が得られる．その細孔径は 0.2～1.0 nm のゼオライトより 1 桁大きく数十 nm に及び，メソポーラスシリカとよばれる．

3.3　触媒反応特性の評価

3.3.1　活性と選択性評価

触媒の活性は，触媒反応の速度で表される．反応速度は，反応物の転化率と反応時間の比で計算されるが，反応初期では転化率と反応時間は比例するので，どの転化率でも反応速度は一定となる．この値を“初速度”といい，触媒の活性を表す固有の値となる．反応後期になると転化率と反応時間は比例しなくなるので，触媒活性は転化率が反応時間に比例する反応初期の段階で比較する必要がある．触媒特性を評価する際のもうひとつの指標は，いかに目的生成物だけを選択性よく生成できるかにある．そのために，消費された原料の物質量に対する合成できた目的生成物の物質量を“収率”，消費された原料のうち目的生成物に変換された割合（パーセント）を“選択率”として表し，触媒性能の重要な指標となる．

3.3.2　触媒寿命

理想的な触媒の機能は，反応中は変化しても反応後必ず元の状態に戻り，繰り返し同じ速度で化学反応を促進するものである．しかし現実には，反応系内でさまざまな理由により変化を起こし，その機能が低下してしまう．このような現象を触媒の劣化とよび，触媒寿命を決める重要因子となる．劣化の原因は多岐にわたり，反応の種類に著しく依存するが，典型的なものを以下に述べる．

①シンタリング：すでに述べたように触媒に用いる材料は，できるだけ表面積の大きいアモルファスな形状（無定形）で，表面エネルギーも大きく活性の高いものが選ばれる．そのため，材料の融点より低温でも，物質移動による表面層の結晶成長による表面積の減少を意味するシンタリングが起こりやすい．シンタリングに伴い，表

面にある反応活性点の数も減少し，全体的な触媒活性の低下がもたらされる．

②**触媒毒**：触媒反応の原料中には原料分子より強く触媒活性点に吸着し活性点を潰してしまう不純物の含まれていることがある．触媒毒とよばれるこれらの不純物の種類は触媒活性点の性質により異なる．たとえば，酸・塩基触媒ではおのおの塩基と酸が触媒毒となりうる．また，金属触媒では硫黄（S），セレン（Se），リン（P）などの単体や化合物が触媒毒となる．石油系の原料には硫黄成分が不純物として含まれることが多く，触媒反応装置の前段に脱硫反応装置を取り付けることもある．

③**炭素蓄積**：炭化水素の改質反応やフィッシャー・トロプシュ（Fischer–Tropsch：F–T）反応など，炭素–炭素結合の形成や開裂過程を含む反応では，触媒表面での炭素析出が起こりやすく，蓄積炭素が活性点を覆い，触媒劣化をもたらすことも多い．劣化を防止するには，副生する活性炭素を酸化して CO，CO_2 とする，水素化して CH_4 にする，水蒸気と反応させて $CO+H_2$ とする，などの工夫がなされる．

3.4　触媒活性試験

3.4.1　連続流通式と閉鎖回分式反応装置

触媒反応を行うための典型的な反応装置を図 3.1 および図 3.2 に示す [1]．大別すると連続流通式と静置型バッチ（回分）式とに分かれるが，触媒反応の種類によりどの反応器を選定するかは非常に重要である．開放型である図 3.1 の流通式反応装置はおもに不均一系触媒反応に用いられ，触媒層入口と出口の気相の組成の変化から反応速度を算出する．反応気体が一度だけ触媒層を通過する間に

コラム3

水素エネルギー社会の実現を目指すナノ空間触媒

現在，地球規模でのエネルギー供給の約80%は化石資源に依存しており，資源の枯渇を招くと同時に，CO_2の蓄積や，窒素酸化物（NO_x）や硫黄酸化物（SO_x）の大気汚染に伴う重大な気候変動問題や地球環境汚染問題をひき起こしている．これらの問題を解決し，将来への持続可能な社会を実現するために，水素を，エネルギーを担うキャリヤーとして製造，貯蔵運搬，利用する技術の開発が求められている．一方，種々の形状の規則的ナノ細孔をもつ高表面積メソ多孔性酸化物は，さまざまな触媒反応で高い活性と選択性を示す均一な活性点構造構築のための担体として注目されている．本コラムでは，クリーンエネルギー社会構築に不可欠な水素製造，精製，貯蔵反応に有効なナノ空間触

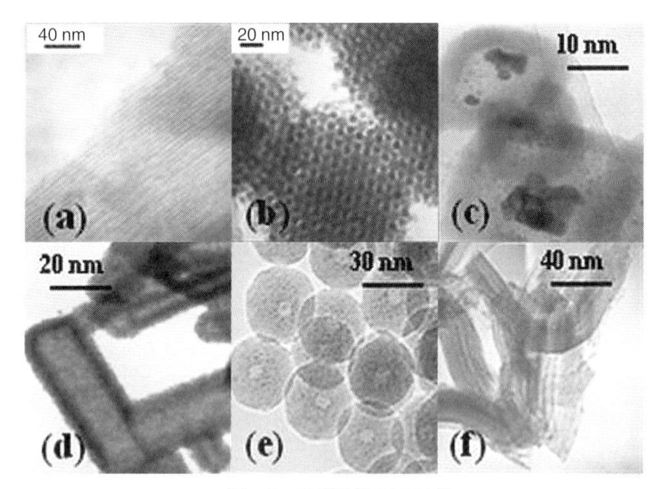

図　ナノ空間触媒のTEM像
(a) Ni–Mg/MAl_2O_3触媒，(b) 高表面積Cu/MCeO_2，(c) カプセル型のシリカナノ構造体(nc)，(d) Pt–TiO_2(nt)，(e) Ir–SiO_2(nh)，(f) Li/SBA–15.

媒を紹介する.

(1) CH_4 の H_2O 改質や CO_2 改質反応に高活性なナノ空間触媒

図(a)に,1023 K での CH_4–H_2O および CH_4–CO_2 反応での Ni–Mg/MAl_2O_3 触媒の 30 時間後の TEM 像を示す.この触媒では,一次元シリンダー状の規則的細孔内に Ni 金属微粒子が均一に高分散担持されているが.30 時間以上の間 90% 以上の転化率で水素を生成し,Ni 金属のシンタリングもごくわずかであり,C の蓄積もほとんどみられなかった.一方,メソ細孔のない触媒では同条件で,著しい Ni シンタリングと C 蓄積,活性劣化がみられた.メソ細孔内での Ni 微粒子と MgO からなるナノ構造が H_2O や CO_2 の活性化を助け,表面 C を素早く酸化して不活性化を防ぐと考えられている.

(2) CO 選択酸化,メタン化と水性ガスシフト反応に高活性なナノ空間触媒

図(b)には 6 階対称性の規則的ナノ細孔をもつ高表面積 Cu/$MCeO_2$ の TEM 像を示す.過剰 H_2 雰囲気下 373 K の CO–O_2 反応で 100% の転化率と CO_2 選択率が得られた.反応状況下における XPS 測定から細孔内には一部還元された Ce^{3+} 種とサブクラスターサイズの Cu_2O が存在し,前者で活性化された O が後者に吸着した CO を選択的に酸化する機構が示唆された.規則細孔をもたない触媒では,Cu のシンタリングと活性・選択性の低下がみられた.図(c)にはロジウム(Rh)や Ru,Pt などのアンミン錯体の結晶表面をアルコキシドの加水分解で覆ったナノカプセル型(nc)のシリカナノ構造体を示す.これらの構造体内壁ネットワークにはサブナノサイズの金属クラスターが埋め込まれ,H_2 や CO の特異な選択透過性を示し,CO–H_2 反応で 95% の選択性で CH_4 を生成した.また,図(d)のナノチューブ形状(nt)の Pt–TiO_2(nt)内壁には Pt ナノプレートと,その近傍に特殊な Ti^{3+} 種が存在し,水の活性化を助け水性ガスシフト反応に高活性を示した.

(3) ナノ空間をもつ高性能 H_2 貯蔵材料

図(e)には NP–6 を界面活性剤とした逆ミセル法で調製したナノホロー

(nh) をもつシリカ球 Ir–SiO_2 (nh) の TEM 像を示す．ナノホロー内部および SiO_2 球内壁にはサブナノサイズの Ir 金属クラスターが存在し，1 atm の H_2 気流中で H(a)/Ir＝3.3，20 atm 下では 10 倍の H_2 を吸蔵可能であった．XPS や EXAFS の検討から，H_2 吸蔵状態では Ir は凝集して 1～2 nm の IrH となり過剰 H_2 は SiOH となるのに対し，H_2 放出時には IrO として二次元的に広がることが観測された．

図 (f) は SBA–15 を固い鋳型として調製したナノ空間触媒に液体 NH_3 中で Li 金属を含浸担持させた試料に，523 K，2.5 atm の条件で H_2 を吸蔵させると $LiNH_2$–LiH ⇌ Li_2NH＋H_2 反応の H 吸放出温度は 600 K から 530 K までおよそ 70 K の低温化を示し，H 吸放出特性を向上させることができた．

[1] Miyao, T., Yoshida, A., *et al.* (2013) *J. Mol. Catal., A Chemical*, **378**, 174.
[2] Yoshida, A., Okumura, T., *et al.* (2012) *Catal.Today*, **184**, 78.
[3] Shen, W., Momoi, H., *et al.* (2011) *Catal.Today*, **171**, 150.

生成物ができるため，炭化水素の部分酸化反応など一次生成物が重要であり，逐次反応を抑えたいときに有効である．装置は種々の反応ガスの導入・混合部分（フィード）と流速を一定に調節するためのマスフロー調節器（MF），触媒層とその後ろのガス分析系から構成されている．最後のベントの部分を高圧バルブで絞ってやると，加圧流通系にすることも可能である．また，転化率が高い反応条件でなければ反応物が無駄になることを避けるため，生成物を分離したのち，原料のみをリサイクルさせる工夫がなされることもある [1].

図 3.2 には回分式の反応器として不均一系触媒反応でよく用いられる閉鎖循環型の反応装置を示す [1]．原理的には触媒層を含む閉じた系中に，ポンプを用いて反応ガスを循環させ，触媒反応を行

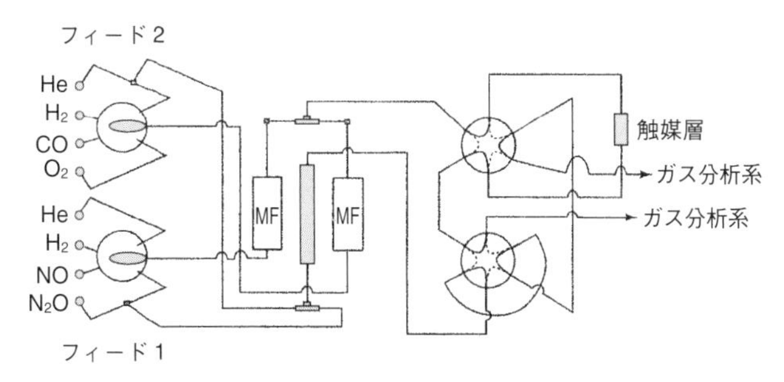

図 3.1 連続流通式反応装置［1］

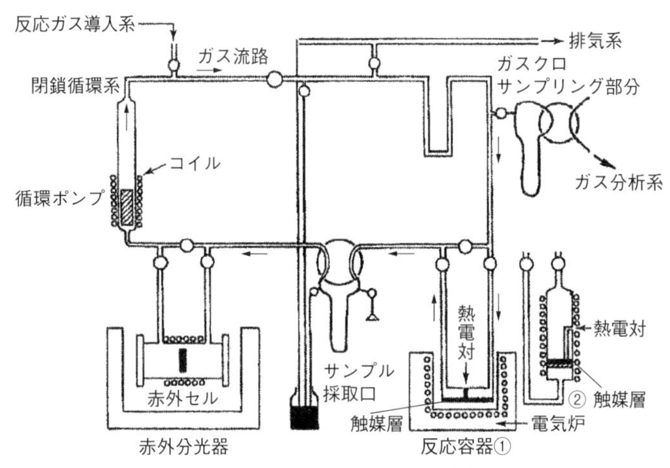

図 3.2 閉鎖回分式反応装置［1］

わせる．反応開始後，適当な時間間隔で循環ガスの一部（1～2% が望ましい）を系外に採取し，その組成を測定することにより反応速度を決定できる．おもに反応速度が遅い不均一系触媒反応や，反応のごく初期を見たいとき，温和な条件での反応を観測したいときや，平衡が原系に偏っている反応条件での検討に威力を発揮する．高価な同位体を用いたトレーサー実験や，反応条件を不連続に変化させて過渡的な応答を観測したい実験にも有効な装置である．反応気体が何度でも触媒層と接触でき，そのたびに生成物が気相に蓄積していくので反応物は有効に使用できるが，せっかくできた一次生成物が逐次反応により無用なものに変化してしまう危険がある．そのため触媒層を通過後に一次生成物を冷媒トラップで分離して反応物のみを循環させるような工夫がなされることもある．

図に示すとおりシステムとしては，反応ガス導入部分と触媒を充填した反応容器を含む閉鎖循環系，気相成分の分析を行うサンプリング部分と，その後のガス分析計から成り立つ．さらに，図のように反応中の触媒表面吸着種を観測するため，反応容器中と同じ試料をディスク状にして循環系に組み込まれた赤外セルに装填できるようにすることも可能である．

3.4.2　反応速度の測定

反応速度は反応物または生成物の濃度の時間変化として測定される．そのため，ガスクロマトグラフや質量分析器，種々の分光器（IR，紫外可視スペクトル（UV），NMR）など反応物の濃度を決定できる測定機器を利用する．いずれの測定法の場合もまず検量線をしっかりと作成することが大切である．図3.3に，バッチ式および流通式の反応器で得られる反応物や生成物の濃度の時間変化を示す[2]．

前者では時間とともに反応物の濃度の減少と生成物の濃度の増加がみられ，その時間微分値が反応速度となる．

$$v = -\frac{[\mathrm{A}]}{\mathrm{d}t} = -\frac{[\mathrm{B}]}{\mathrm{d}t} = \frac{[\mathrm{C}]}{\mathrm{d}t} \tag{3.2}$$

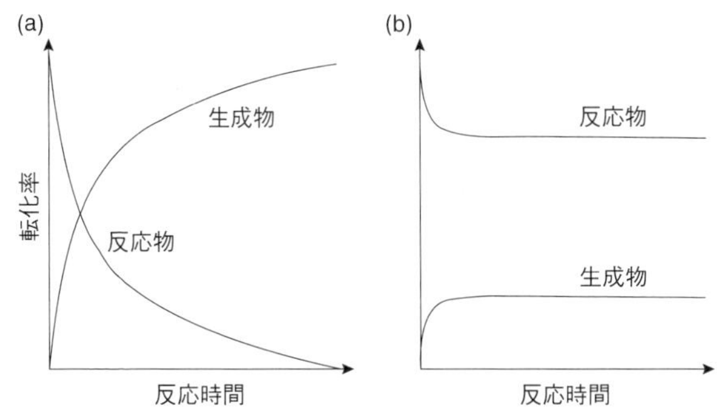

図 3.3　流通系および閉鎖系反応の経時変化 [2]
(a) 閉鎖循環式（バッチ式），(b) 流通式.

一方，流通系の反応器ではある流速における流通気体中の生成物の割合（転化率）がそのまま速度に対応する．バッチ式の式 (3.2) に対応する速度は次のように求められる．反応物の流速を u，触媒層の入口での反応物の濃度を C_i，出口での濃度を C_f，触媒層の体積を V，反応物の減少速度を v とすると，触媒層内の物質収支から近似的に $uC_\mathrm{i}-uC_\mathrm{f}=vV$ が得られる．したがって，

$$v = \frac{u\,(C_\mathrm{i}-C_\mathrm{f})}{V} = \frac{uC_\mathrm{i}X}{V} \tag{3.3}$$

ただし，$X=(C_\mathrm{i}-C_\mathrm{f})/C_\mathrm{i}$ であり，反応率と定義される．また，u/V は空間速度とよばれ，その逆数である V/u は接触時間となる．このように流通系では反応率がそのまま速度に比例することになる．

一般に触媒反応の速度は，用いる触媒の質量に比例する．気相や溶液中の均一系触媒反応においては触媒活性種あたりの速度定数を決定することはさほど困難ではなく，触媒の違いによる本質的な活性の比較が可能である．しかし，不均一系触媒反応では用いる固体の表面積がバラバラなため，触媒質量あたりの速度定数は触媒活性

を比較する際の基準になりえない．そのため不均一系触媒では表面原子への H_2 や O_2，CO，一酸化二窒素（N_2O）などの選択吸着を用いて表面露出金属原子数を決定し，分散度（D＝表面原子数/バルク原子数）を算出することが行われる．表面金属原子が触媒活性点だと仮定すると，固体表面反応においても触媒活性点あたりの速度定数を定義できる．このようにして不均一系の触媒反応においてもTOFを決定でき，触媒作用の本質に迫る議論が可能である．

3.4.3　速度データの解析

バッチ式の閉鎖循環系で得られた図3.3(a)の経時変化曲線の時刻0における接線の傾きから初速度が求まる．他の反応条件は一定にして反応温度だけを変化させて初速度を測定し，アレニウスの式 $k=Ae^{-E_a/RT}$ で解析すれば，見かけの活性化エネルギー E_a を求めることができる．その典型的な一例を図3.4(a)に示す [3]．この解析では，経時変化曲線およびある時刻における接線をいかに正確に決められるかで，得られる活性化エネルギーの精度が決まる．実験的な反応次数がわかっている場合には，その曲線を用いればよいが，それ以外の場合には反応の初期部分（反応率10～20%以内）を近似的に三次式曲線に当てはめて接線を求める方法が取られる．一方，流通系反応装置を用いる場合には転化率がそのまま速度に比例するので，図3.3(b)の縦軸の値の対数値を $1/T$ に対してプロットすればよい．その際に微分反応法が適用できる反応率10～20%以内に抑えて解析を行うことが重要である．

また，反応物の濃度を種々変化させ反応速度の濃度依存性を検討すれば，反応次数と実験的な反応速度式を決定できる．その典型例を図3.4(b)に示す [3]．反応物A，Bに対する反応次数を m，n とすると，実験的な反応速度式は $v=k[A]^m[B]^n$ と表される．両辺

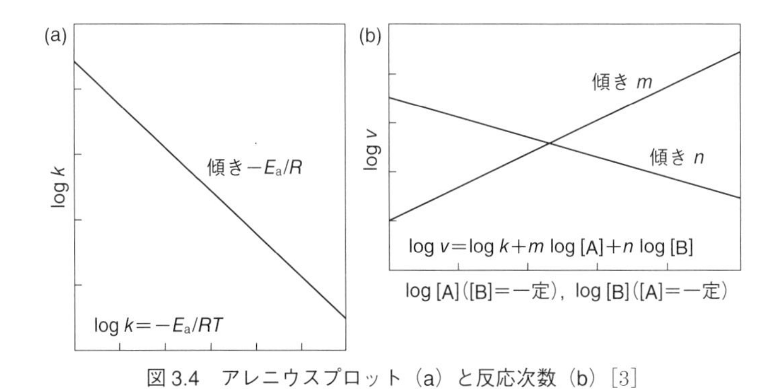

図 3.4　アレニウスプロット（a）と反応次数（b）[3]

の対数を取ると，$\log\, v=\log\, k+m\log[\mathrm{A}]+n\log[\mathrm{B}]$ となり，[B] を一定にして [A] のみを変化させ，反応速度を測定することにより，図 3.4(b) の傾きから A に対する実験的な反応次数 m（[A] を一定にすれば n）を求めることができる．

すでに述べたように触媒反応では，吸着や配位，表面や配位子反応，脱離などいくつかの素反応の複合化で全反応速度が決定される．おのおのの素過程に対して反応速度式を定義することができ，速度定数や活性化エネルギーが決まってくる．したがって，実験的な速度データを解析して得られる全反応の見かけの活性化エネルギーや反応次数は，おもにそのなかの最も遅い素過程である律速段階の速度で決まる．たとえば，A が吸着平衡にあり，吸着 A が B に変化する反応，

A→A(a)→B で，温度が高く A の被覆率が小さい場合には，前出と同じ議論で $v=k_2KP_{\mathrm{A}}$ となる．A の吸着エネルギーを ΔH_{a}，B が生成する過程の活性化エネルギーを E_2 とすると，見かけの反応速度 k_{a} は次式のように表される．

$$\begin{aligned} k_a &= k_2 k \ \propto \ \exp\left(-\frac{E_2}{RT}\right)\exp\left(-\frac{\Delta G}{RT}\right) \\ &= \exp\left(\frac{\Delta S}{R}\right)\exp\left(\frac{E_2+\Delta H_a}{RT}\right) \end{aligned} \tag{3.4}$$

したがって，$E_a=E_2+\Delta H_a$ である．負の値である吸着エネルギー ΔH_a が非常に大きく，真の活性化エネルギー E_2 がさほど大きくない場合には，見かけの活性化エネルギーが負になることもあるので注意が必要である．

参考文献

[1] 内藤周弌 分担執筆（日本化学会 編）(2006)『触媒化学，電気化学』，実験化学講座 25，p.45，丸善出版．

[2] 内藤周弌 分担執筆（日本化学会 編）(2006)『触媒化学，電気化学』，実験化学講座 25，p.46，丸善出版．

[3] 内藤周弌 分担執筆（日本化学会 編）(2006)『触媒化学，電気化学』，実験化学講座 25，p.48，丸善出版．

第4章

固体触媒反応の素過程と反応速度論

本章では，固体触媒の反応の場である表面で，反応物がいかに振る舞い生成物に変換されていくかを反応速度論の観点から述べる．そのために，まず基本的な一般例から始め，反応機構が解明されているいくつかの典型的な固体触媒反応を取り扱う．さらに，それらを踏まえて固体触媒のデザインのための要点を簡単に述べる．

4.1 表面での素過程

4.1.1 物理吸着と化学吸着

固体–気体，固体–液体などの混ざり合わない2相が接触すると界面ができる．吸着は界面において各相にある分子やイオンなどの吸着質が相内部の濃度と異なる濃度になる現象である．また，吸着している分子が界面からバルク相に戻ることを脱離という．

物理吸着は吸着質と表面原子の間のファンデルワールス（van der Waals）相互作用が主となって起こり，このときの吸着熱は吸着質の凝縮熱程度で小さい．一方，化学吸着では吸着質と表面原子の間に化学結合が形成されるため，吸着熱は反応熱と同程度になる．固体触媒表面への気体の物理吸着は多分子層吸着となるが，化学吸着は単分子層吸着である．金属表面では水素分子は室温付近で吸着する際，図 4.1 に示すように分子状水素のかたちでいったん物

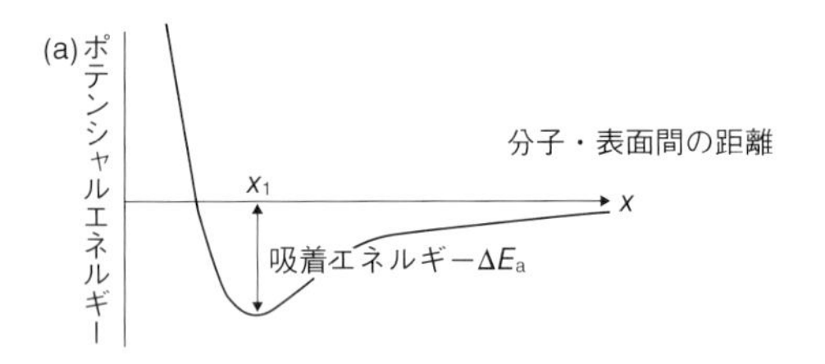

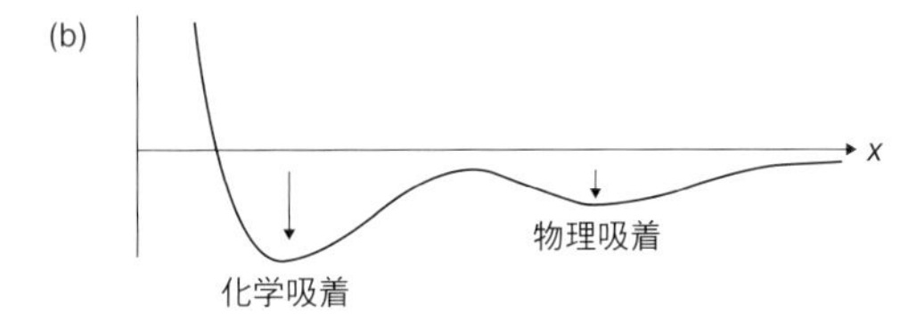

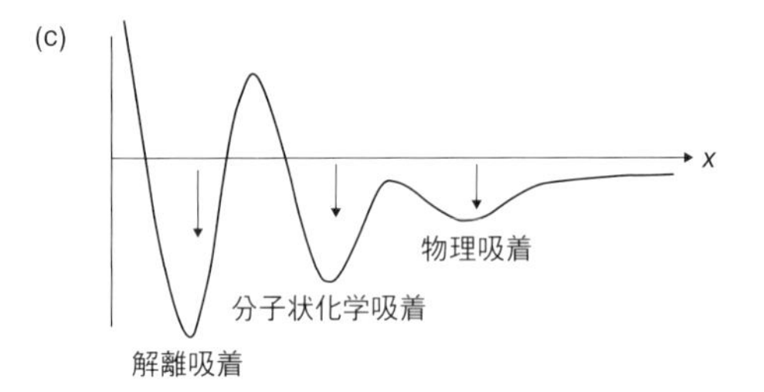

図 4.1　吸着に対するポテンシャル曲線 [1]
(a) 一般的な吸着のポテンシャル曲線，(b) 物理吸着状態を経由した化学吸着，(c) 解離吸着．

理吸着する．続いて水素原子に解離して Me−H 結合を形成して化学吸着するが，これを解離吸着という [1]．吸着では，吸着質は三次元空間を運動する自由度の大きい状態から，二次元空間に捕捉された自由度の小さい状態に移るため，吸着過程のエントロピー変化 ΔS は全体として負になる．また吸着は自発過程であるのでギブ

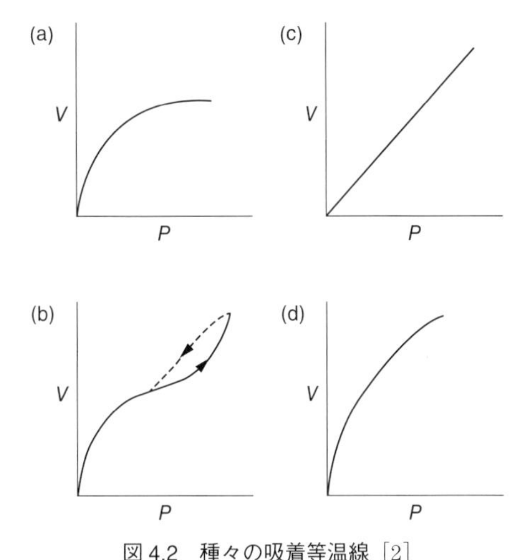

図 4.2 種々の吸着等温線 [2]
(a) ラングミュア型, (b) BET 型, (c) ヘンリー (Henry) 型, (d) フロインドリッヒ (Freundlich) 型.

ズ (Gibbs) 自由エネルギー ΔG も負である．したがって吸着過程のエンタルピー変化 ΔH は，$\Delta H = \Delta G + T\Delta S < 0$ となり，吸着は発熱過程であることがわかる．

固体触媒上での吸着平衡は，平衡圧，平衡温度および平衡吸着量の関係として表される．一定の温度で平衡圧を変えたときの平衡吸着量を測定すると，図 4.2 のような吸着等温線を描くことができる [2]．これらは，吸着特性を端的に表す最も基本的なデータであり，ラングミュア (Langmuir) 吸着等温式など，最初に観察した人名をつけてよばれることも多い．

4.1.2 活性化吸着

前項で述べたように，吸着は自発的な発熱過程のため温度が高くなると平衡吸着量は減少するが，吸着速度は高温ほど速い．したがって，非常に遅い吸着では，吸着初期に高温ほど吸着量が多くなるような現象の見られることがある．これをとくに活性化吸着とよび，通常の自発的な速い吸着と区別する場合がある．反応速度や反応機構を議論する場合，この点に注意を払う必要がある．

4.1.3　表面化学反応

固体表面に吸着した分子の反応性は，吸着の種類とその形態に著しく依存する．たとえば，金属表面へのCO分子の吸着にはリニア型とよばれる直線状の吸着種と，ブリッジ型とよばれる橋かけ型の吸着があるが，吸着酸素（O(a)と表記）と反応してCO_2を生成する表面反応では，一般に後者のほうが反応性に富む．一方，金属単結晶表面にO_2を前吸着させると，島状にまばらに吸着し島状構造をとるが，その後，CO気体を通すと島状構造の周辺から$CO + O(a) \rightarrow CO_2$反応が進行し，O(a)の島状構造の形が小さくなっていくのが観測された．このことは，表面吸着種の反応性は決して均一ではなく，表面の構造に依存していることを示している．

4.1.4　表面からの脱離

吸着種の表面反応で生成した生成物が表面から脱離することで，固体触媒反応は完結し，活性点サイトが空になってふたたび反応分子が吸着→表面反応→脱離する触媒サイクルが回り，反応は進行する．多くの場合，生成物の脱離過程は速いのが一般的であるが，生成物の吸着力が非常に強く最後の脱離の過程が律速となることもある．

4.2　表面の反応速度論

固体表面での触媒反応の最も簡単な素過程の組立てを概念的に図4.3に示す．反応分子が触媒表面に近づく際に，まず拡散領域を通過するが，この境界はガス境膜とよばれる．拡散が反応速度に影響を及ぼさない条件下では，表面と反応分子との相互作用の最初の素過程は反応分子の吸着である．この過程は一般に発熱反応であり，触媒の存在で反応の活性化エネルギーが著しく低下するのは，この吸着熱が大きいことによる場合が多い．次の素過程は吸着種の表面反応であるが，この過程において反応物間の結合の組換えが起こり，生成物に近い状態に変化する．最後の素過程が生成物の表面原子からの脱離である．すべての過程終了後，触媒が完全に最初の状態に戻ることができれば，理想的な触媒サイクルが完結する．

4.2.1　吸着の速度論

分子が固体表面に分子の状態を保ったまま弱く吸着する分子状吸着の速度は，(単位表面積)×(単位時間あたりの衝突分子数) である衝突頻度 Z に比例する．気体分子運動論を用いると Z は，気体

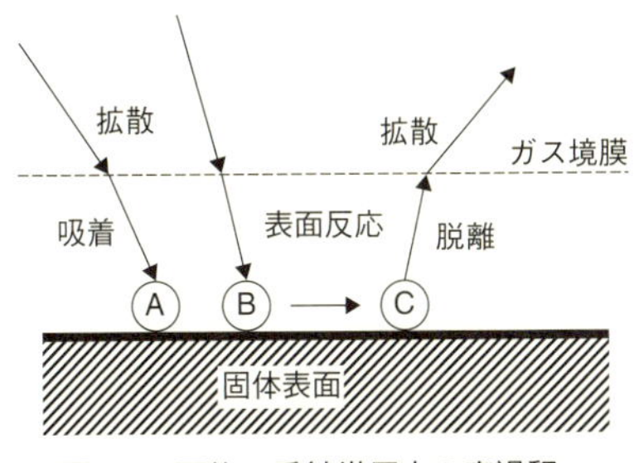

図4.3　不均一系触媒反応の素過程

の圧力（P），質量（m），温度（T）に比例し，次式で表される．k はボルツマン（Boltzmann）定数である．

$$Z = P(2\pi mkT)^{-1/2} \quad (\mathrm{cm^{-2}\ s^{-1}}) \tag{4.1}$$

吸着速度 r_{ad} は，衝突頻度 Z に表面に吸着する確率（付着確率）σ を乗じたものとなる．

$$r_{\mathrm{ad}} = \sigma Z = \sigma P(2\pi mkT)^{-1/2} \tag{4.2}$$

σ は吸着のしやすさの度合いを表し，$\sigma=1$ は衝突した分子がすべて吸着する場合に対応し，$\sigma=0$ ではほとんど吸着しないことになる．吸着に伴う表面被覆率 θ（吸着分子が表面を覆う割合）の変化と σ との関係を図 4.4(a), (b) に示す [3]．(a) は σ が θ の増加に対して直線的に減少する場合であり，ラングミュア型の吸着とよばれる．

一方，図 4.4(b) は被覆率が増えても付着確率は変化せず，飽和被覆率のところで一気に $\sigma=0$ となる場合である．これは前駆体（precursor）型吸着モデルとよばれ，前駆体は物理吸着の状態で表

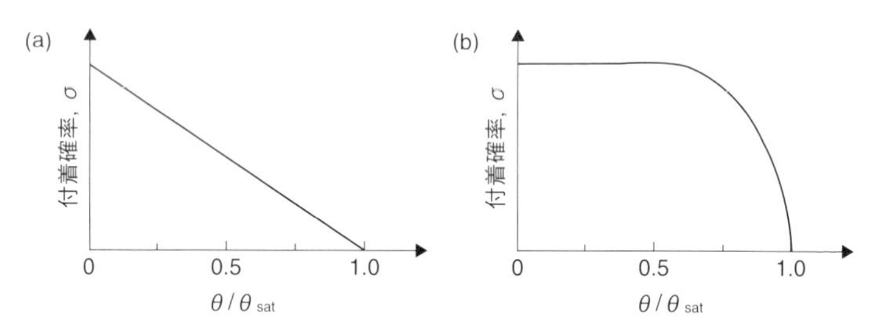

図 4.4　付着確率と表面被覆率の関係 [3]
(a) ラングミュアー型，(b) 前駆体型．

面上を動き回り，空きサイトを探してそこで化学吸着する．したがってラングミュア型吸着とは異なり，被覆率が増加しても付着確率の減少しない領域があり，飽和吸着に近づいて急激に減少することになる．

4.2.2　律速段階と予備平衡

複数の素反応が組み合わさり逐次的に複合反応が進行する場合，各素反応の速度は同程度とは限らず，全反応の速度がそのなかのとくに遅い素反応の速度で決まってくる場合がある．このようなとくに遅い素反応を全反応の律速段階（rate determining step）という．すなわち，n 個の過程からなる複合反応の逐次過程において，$(n-1)$ 番目までの過程が可逆で正逆両方向の速度が n 番目の過程の速度より著しく大きいとき，n 番目の過程を律速段階であるといい，全反応速度はこの過程の速度で決まる．この場合，$(n-1)$ 番目までの素過程はほぼ部分平衡にあるとみなすことができ，これらを予備平衡（pre-equilibrium）にあるという．これらの過程を速度論的に取り扱い，理論的な反応速度式を導出してみる．

簡単な例として，反応物 A，B から C が生成する素過程の組合せ式 (4.3)～(4.6) を考え，各素過程の正逆反応の速度定数を k_1，k_{-1}～k_4，k_{-4}，平衡定数を K_1～K_4 とする．

$$\mathrm{A} \longrightarrow \mathrm{A(a)} \qquad \text{平衡定数 } K_1 \quad \text{（吸着）} \tag{4.3}$$

$$\mathrm{B} \longrightarrow \mathrm{B(a)} \qquad \text{平衡定数 } K_2 \quad \text{（吸着）} \tag{4.4}$$

$$\mathrm{A(a)} + \mathrm{B(a)} \longrightarrow \mathrm{C(a)} \qquad \text{平衡定数 } K_3 \quad \text{（表面反応）} \tag{4.5}$$

$$\mathrm{C(a)} \longrightarrow \mathrm{C} \qquad \text{平衡定数 } K_4 \quad \text{（脱離）} \tag{4.6}$$

吸着した A，B，C の表面における濃度を被覆率 θ_A，θ_B，θ_C で表すと，表面の空サイトの割合 θ_S は

$$\theta_S = 1 - \theta_A - \theta_B - \theta_C \tag{4.7}$$

で表される．

(1) 表面反応律速

いま，式 (4.5) の表面反応が律速である場合を考えよう．式 (4.3)，(4.4)，(4.6) の過程は平衡状態にあると考えて，正逆反応の速度が等しいとおくと次式が得られる．

$$k_1 P_A \theta_A = k_{-1}\theta_A, \qquad K_1 = \frac{\theta_A}{P_A \theta_S} = \frac{k_1}{k_{-1}} \tag{4.8}$$

$$k_2 P_B \theta_B = k_{-2}\theta_B, \qquad K_2 = \frac{\theta_B}{P_B \theta_S} = \frac{k_2}{k_{-2}} \tag{4.9}$$

$$k_4 P_C \theta_S = k_{-4}\theta_C, \qquad K_4 = \frac{P_C \theta_S}{\theta_C} = \frac{k_{-4}}{k_4} \tag{4.10}$$

式 (4.8)～(4.10) より，

$$\theta_A = K_1 P_A \theta_S, \qquad \theta_B = K_2 P_B \theta_S, \qquad \theta_C = \frac{P_C \theta_S}{K_4} \tag{4.11}$$

式 (4.11) を式 (4.7) に代入すると，

$$\theta_S = \frac{1}{1 + K_1 P_A + K_2 P_B + (P_C/K_4)} \tag{4.12}$$

全反応速度は表面反応式 (4.5) の速度に等しいとおけるから，

$$\begin{aligned} v &= k_3 \theta_A \theta_B - k_{-3}\theta_C \theta_S \\ &= \frac{k_3 K_1 K_2 P_A P_B - (k_{-3}/K_4) P_C}{\{1 + K_1 P_A + K_2 P_B + (P_C/K_4)\}^2} \end{aligned} \tag{4.13}$$

これが，表面反応が律速の場合の速度をA，B，Cの分圧と速度定数，平衡定数で表した反応速度式である．

式 (4.13) をもとにして実際によくみられる場合を考えてみる．

まず，律速である表面反応の逆反応が無視できるぐらい遅い場合には，式（4.13）は，

$$V = k_3\theta_A\theta_B = \frac{k_3K_1K_2P_AP_B}{\{1+K_1P_A+K_2P_B+(P_C/K_4)\}^2} \tag{4.14}$$

次にA，B，Cの吸着エネルギーが非常に小さい，すなわち，K_1P_A，$K_2P_B \ll 1$，$P_C/K_4 \ll 1$とすれば，

$$v = k_3K_1K_2P_AP_B \tag{4.15}$$

となり，反応速度はAとBの分圧に1次に比例することになる．逆にBの吸着力だけが非常に大きい場合には，$K_1P_A \ll 1$，$K_2P_B \gg 1$，$P_C/K_4 \ll 1$であるから$V = k_3K_1P_A/K_2P_B$となり，反応速度はP_Aに対して1次，P_Bに対して−1次となる．これはCOの水素化反応で，P_{H_2}に1次，P_{CO}に−1次の反応としてよくみられる．

(2) 吸着律速

次にAの吸着が律速の場合を考えよう．今度は式（4.4）～（4.6）の過程が平衡状態にあると考えると，式（4.9），（4.10）および$K_3 = (\theta_C\theta_S)/(\theta_A\theta_B) = k_3/k_{-3}$から

$$\theta_A = \frac{P_C\theta_S}{K_2K_3K_4P_B} \tag{4.16}$$

さらに式（4.9），（4.10），（4.15）を式（4.7）に代入すると

$$\theta_S = \frac{1}{1+(P_C/K_2K_3K_4P_B)+K_2P_B+(P_C/K_4)} \tag{4.17}$$

全反応速度は式（4.3）の吸着過程の速度に等しいので，

$$\begin{aligned} v &= k_1P_A\theta_S - k_{-1}\theta_A \\ &= \frac{k_1P_A-(k_1P_C/K_1K_2K_3K_4P_B)}{1+(P_C/K_2K_3K_4P_B)+K_2P_B+(P_C/K_4)} \end{aligned} \tag{4.18}$$

もし逆反応が無視でき，Bの吸着が非常に強い場合には次式に示すように，P_A に対して1次，P_B に対して−1次となる．

$$v = \frac{k_1 P_A}{K_2 P_B} \tag{4.19}$$

(3) 脱離律速

逆に生成物Cの脱離が律速とすると次のようになる．式 (4.3)〜(4.5) の過程が平衡状態にあるので，式 (4.8)，(4.9) および $K_3 = (\theta_C \theta_S)/(\theta_A \theta_B)$ から求まる $\theta_C = K_1 K_2 K_3 P_A P_B \theta_S$ を式 (4.7) に代入すると，

$$\theta_S = \frac{1}{1 + K_1 P_A + K_2 P_B + K_1 K_2 K_3 P_A P_B} \tag{4.20}$$

全反応速度は式 (4.6) の脱離過程の速度に等しいので，

$$\begin{aligned} v &= k_4 \theta_C - k_{-4} P_C \theta_S \\ &= \frac{k_4 K_1 K_2 K_3 P_A P_B - k_{-4} P_C}{1 + K_1 P_A + K_2 P_B + K_1 K_2 K_3 P_A P_B} \end{aligned} \tag{4.21}$$

(4) 拡散律速

流通系の触媒反応では，触媒層内を流れる気体は乱流であり，反応物や生成物の組成は均一である．しかし，図4.3に示したように触媒粒子の表面近傍では流れは層流となりガス境膜が存在し，この領域では気相側では反応物の濃度が高く，表面近傍では生成物濃度が高くなる．境膜の厚さが大きくなると反応速度が拡散律速となる可能性がある．また，担持金属触媒では，担体の種類と触媒調製法により活性サイトが担体のミクロ細孔内に位置することもある．このような触媒では，反応分子が比較的大きく細孔径とさほど違わない場合，とくに高温域の反応では反応物や生成物の細孔内拡散が律

速となる場合があるので注意が必要である．拡散律速の場合の見かけの活性化エネルギーは反応の活性化エネルギーと拡散の活性化エネルギーの平均になる．通常前者は後者より圧倒的に大きいので，見かけの活性化エネルギーは真の値の約 1/2 になることが多い．

4.2.3　ラングミュア・ヒンシェルウッド機構とイーレィ・リディール機構

不均一系触媒反応の基本的な素過程の代表的なものとして前項で取り扱った，表面吸着種どうしの反応が律速となるラングミュア・ヒンシェルウッド（Langmuir–Hinshelwood：L–H）機構と表面吸着種と気相分子（または，物理吸着種）の直接反応で進行するイーレィ・リディール（Eley–Rideal：E–R）機構がある．図 4.5 にこの 2 つの機構の違いを模式的に示す．これらの過程を速度論的に取り扱い，理論的な反応速度式を導出してみる．図 4.5 において反応物 A,B から C が生成する反応で，A,B が同種の活性点に競争吸着して吸着予備平衡にあるとし，生成物 C の吸着は無視する．各素過程の正逆反応の速度定数を k_{A}，$k_{-\mathrm{A}}$，k_{B}，$k_{-\mathrm{B}}$，平衡定数を K_{A}，K_{B} とする．

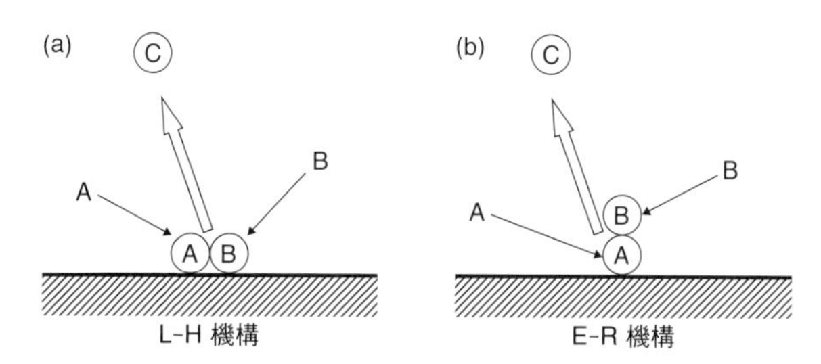

図 4.5　不均一系触媒反応の素過程
(a) ラングミュア・ヒンシェルウッド（L–H），(b) イーレイ・リディール（E–R）機構．

$$\mathrm{A} \longrightarrow \mathrm{A(a)}\text{；平衡定数}K_\mathrm{A}\text{（吸着）} \tag{4.22}$$

$$\mathrm{B} \longrightarrow \mathrm{B(a)}\text{；平衡定数}K_\mathrm{B}\text{（吸着）} \tag{4.23}$$

吸着したA，Bの表面における濃度を被覆率θ_A，θ_Bで表すと，表面の空サイトの割合θ_Sは

$$\theta_\mathrm{S} = 1 - \theta_\mathrm{A} - \theta_\mathrm{B} \tag{4.24}$$

で表される．

式（4.22），（4.23）の過程は平衡状態にあると考えて，正逆反応の速度が等しいとおくと，次式が得られる．

$$k_\mathrm{A}P_\mathrm{A}\theta_\mathrm{A} = k_{-\mathrm{A}}\theta_\mathrm{A}, \qquad K_\mathrm{A} = \frac{\theta_\mathrm{A}}{P_\mathrm{A}\theta_\mathrm{S}} = \frac{k_\mathrm{A}}{k_{-\mathrm{A}}} \tag{4.25}$$

$$k_\mathrm{B}P_\mathrm{B}\theta_\mathrm{B} = k_{-\mathrm{B}}\theta_\mathrm{B}, \qquad K_\mathrm{B} = \frac{\theta_\mathrm{B}}{P_\mathrm{B}\theta_\mathrm{S}} = \frac{k_\mathrm{B}}{k_{-\mathrm{B}}} \tag{4.26}$$

式（4.25），（4.26）より得られる$\theta_\mathrm{A}=K_\mathrm{A}P_\mathrm{A}\theta_\mathrm{S}$，$\theta_\mathrm{B}=K_\mathrm{B}P_\mathrm{B}\theta_\mathrm{S}$を式（4.24）に代入すると，

$$\theta_\mathrm{S} = \frac{1}{1+K_\mathrm{A}P_\mathrm{A}+K_\mathrm{B}P_\mathrm{B}} \tag{4.27}$$

したがって，

$$\theta_\mathrm{A} = \frac{K_\mathrm{A}P_\mathrm{A}}{1+K_\mathrm{A}P_\mathrm{A}+K_\mathrm{B}P_\mathrm{B}}, \qquad \theta_\mathrm{B} = \frac{K_\mathrm{B}P_\mathrm{B}}{1+K_\mathrm{A}P_\mathrm{A}+K_\mathrm{B}P_\mathrm{B}} \tag{4.28}$$

Cの生成速度はL–H機構では吸着種どうしの濃度に比例するので$v=k\theta_\mathrm{A}\theta_\mathrm{B}$，E–R機構では吸着種Aの濃度とBの気相分圧に比例するので$vk\theta_\mathrm{A}P_\mathrm{B}$となり，

$$\text{L–H機構：}v = \frac{kK_\mathrm{A}K_\mathrm{B}P_\mathrm{A}P_\mathrm{B}}{(1+K_\mathrm{A}P_\mathrm{A}+K_\mathrm{B}P_\mathrm{B})^2} \tag{4.29}$$

$$\text{E–R 機構}：v = \frac{kK_AP_AP_B}{1+K_AP_A+K_BP_B} \tag{4.30}$$

となって，圧力依存性の実験で反応次数を測定すればL–H 機構とE–R 機構を区別することが可能である．

4.3　固体触媒反応機構

固体表面で起こる化学反応にはさまざまな過程が含まれており，その機構を明らかにすることは簡単ではない．触媒表面において反応物が生成物になる反応においても，まず反応物が表面に近付き特定の活性点に吸着するまでにも触媒細孔内の拡散など多くの過程を含む．吸着したものが活性点で生成物に変換される場合にもいくつかの素過程が含まれ，しかもそれらが併発して異なった生成物を与えることも少なくない．さらにこれらの生成物が脱離して触媒サイクルが完結するわけであるが，場合によっては強く表面に吸着し反応阻害物となる生成物もでてくる．また，反応の温度や圧力，反応物の組成に応じてこれらの素過程の相対速度が変化し，律速段階が変化して生成物分布が変わる場合も多い．

反応の場である固体表面では，互いに隣り合う原子が結合して安定な構造を形成しているバルク内部とは異なり，表面に特有の性質が現れる．さらにこのような表面に反応物が吸着することにより表面原子の電子状態が変化したり，ときには表面原子の再配列をもたらす場合も珍しくない．このようにさまざまな因子が組み合わさって進行する固体表面での触媒反応の機構を解明するためには，実際に反応が進行している現場を直接観察し，反応中の固体表面の構造や電子状態，吸着種の状態をいろいろな角度から調べ，それらの動的挙動を反応条件下で調べていかなければならない．

4.3.1　触媒反応における素反応の組立て

触媒反応の機構を解明するためには，まず反応温度や圧力を変化させて種々の反応条件下における反応速度を測定し，反応次数と活性化エネルギーを求めることが必要である．得られた実験的反応速度式からある程度反応機構を推定することも可能であるが，さらに反応機構の詳細を知るためには触媒反応を構成している素反応への分解が必要となる．この目的のためにはさまざまな表面分光法が駆使されるが，反応中触媒表面で観測されるものすべてが反応中間体であるとは限らない．むしろ，反応中安定に存在する吸着種は反応経路とは関係ない副生物であることも多い．この区別をするためには，たとえば反応中に存在する表面吸着種に同位体で印を付け，それが定常反応速度と同一の速度で生成物中に取り込まれてくることを確かめなければならない．また，反応の場である触媒活性点構造の解明も重要である．その元素分析，構造解析，電子状態の解明に種々の表面分光法が駆使されるが，さらに触媒の粒子径を変化させたり，担体を変えたり添加物を加えることによる反応速度や選択性の変化を検討することにより触媒作用の本質に迫ることができる．

(1)　火山型活性序列

反応分子の吸着力が触媒活性と直接関連する例として，“火山型活性序列”が有名である．すでに何度も述べたように固体表面での触媒反応はまず，表面への反応物の吸着から始まる．吸着熱は反応物と金属との結合の強さを示す尺度であり，吸着熱と反応速度の相関性がいくつかの反応で知られている．その最も典型的なものは，図 4.6 に示す種々の金属によるギ酸の分解活性（T；各金属で同一の速度を示す温度）と金属ギ酸塩の生成熱（ΔH_f）間に成立する火山型曲線（volcano shaped curve）である [4]．火山型曲線の左側

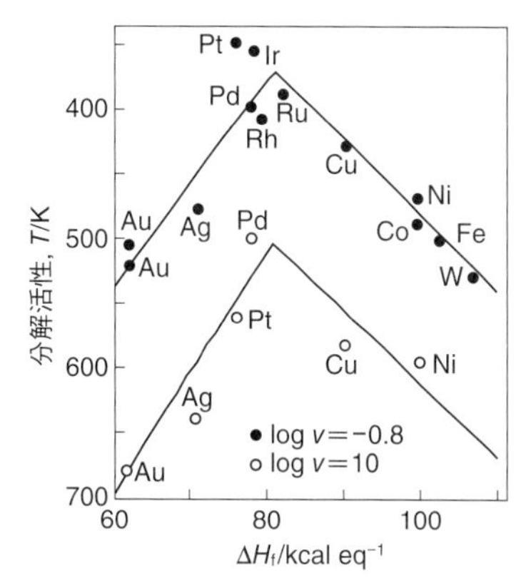

図 4.6 火山型活性序列（ギ酸の分解）[4]

ではギ酸の吸着過程が反応の律速段階であり，安定なギ酸塩をつくる金属ほど吸着速度も速くなるという一般則で理解できる．一方，曲線の右側では生成したギ酸塩の分解過程が律速であり，したがって安定なギ酸塩をつくる金属ほど分解速度も遅くなるということで説明される．このように 1 種類の反応物の分解反応では，事情はわりあい簡単であり，触媒活性の支配因子を吸着種の安定性に求めることができる．

このような火山型活性序列は，図 4.7 に模式的に示すように単分子分解反応 (a) だけでなく，金属酸化物上での酸化反応 (b) が酸化表面 M–O の還元と部分的に還元された還元表面 $M–O_{1-x}$ の酸化の繰返しにより進行する，酸化還元 (redox) 機構の場合にもよく観測される．これは酸化物の反応性としてほどほどのものが活性が高いということに対応する [5].

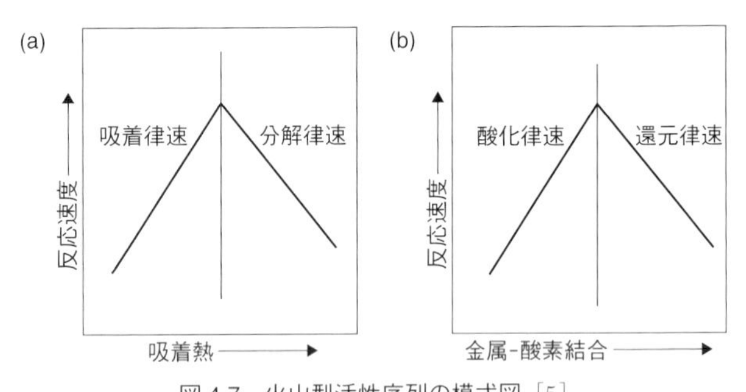

図4.7　火山型活性序列の模式図［5］
(a) 金属触媒上での分解反応, (b) 酸化物触媒上での酸化反応.

(2) 構造敏感反応と構造鈍感反応

金属触媒として実際に用いられているものの多くは8族金属であるが，とくにPt，Rh，Pdなどの貴金属は高価であり，資源的にも限りがある．そこでこれらの微粒子をシリカやアルミナ，チタニア，マグネシアなどの高表面積酸化物に分散担持するわけであるが，その形状は金属の種類や担持されるときの粒子径，用いる担体に大きく依存する．Boudartらは，不均一系触媒反応は触媒表面の形状によって活性・選択性が敏感に変化する構造敏感（structure sensitive）な反応と，変化しない構造鈍感（structure insensitive）な反応に分類できることを提唱した．表4.1に金属上での種々の還元反応に対する金属の種類，触媒の構造，合金化による触媒活性への依存性をまとめてある［5］.

これによると水素の解離や水素化反応における依存性はあまり大きくなく構造鈍感反応に分類されるが，水素化分解などC−C結合の切断を含む反応ではその効果はきわめて大きく構造敏感反応に分類される．この現象の本質的な意味を分子・原子レベルで理解する

表 4.1　金属上での種々の還元反応の構造依存性 [5]

反　応	構　造	金属の種類	合金化
$H_2+D_2 \rightarrow 2\,HD$	きわめて小	中	小
$C_2H_4+H_2 \rightarrow C_2H_6$	きわめて小	中	小
Cyclo-$C_3H_6+H_2 \rightarrow C_3H_8$	きわめて小	中	小
$C_6H_6+3\,H_2 \rightarrow C_6H_{12}$	きわめて小	中	小
$C_2H_6+H_2 \rightarrow 2\,CH_4$	小	きわめて大	大
$N_2+3\,H_2 \rightarrow 2\,NH_3$	小	大	?

ためにさまざまな角度から研究がなされてきた．とくに近年の固体表面解析手段の著しい進歩に伴い，ある反応が金属表面上で進行するために活性点が有するべき構造やその化学的性質が明らかにされつつあり，やがてはある反応を効率よく進行させるための触媒設計も可能となるであろう．

4.3.2　反応機構決定法

すでに述べたように，不均一系触媒反応はいくつかの複雑な素過程の組合せからなっている．そのような場合の反応機構が決定されるということは，その反応を構成する各素過程が明らかとなり，反応中間体が同定され，全反応速度を支配する律速段階が解明されるということである．したがって，以下に述べるようないくつかの実験手法を併用することによって総合的に反応機構を決定する．

(1)　速度論的アプローチ

ある触媒の性能を確かめるためには，まず反応速度を測定し，解析を行わなければならない．しかし，触媒反応といってもその本質は基本的な物理化学の反応速度論の取扱いと何ら変わるところはない．しかし，一般に不均一系触媒反応の反応速度式は複雑であり，反応次数も半端な数を示す場合が多い．これは，固体表面での触媒反応が吸着過程を含め，多数の素反応の組合せで成り立っており，その律速段階も複数の素過程にまたがっている場合が多いからである．ごくおおざっぱにいうと，不均一系の触媒反応は，少なくとも1種類の反応物の吸着と吸着種間の表面反応，生成物の脱離のステップを含み，反応物や生成物の吸着・脱離過程が非常に重要なことは疑いない．

一般に触媒反応の速度は，用いる触媒の重量に比例する．気相や溶液中の均一系触媒反応においては触媒活性種あたりの速度定数を決定することはさほど困難ではなく，触媒の違いによる本質的な活性比較が可能である．しかし，不均一系触媒反応では用いる固体の表面積がバラバラなため，触媒重量あたりの速度定数は触媒活性を比較する際の基準になりえない．これが，固体触媒の研究において本質的な触媒活性点構造と反応速度との相関を調べ，触媒作用の本質に迫るための大きな障害になっていた．

Boudart らは金属表面への H_2 や CO の選択吸着を用いて表面露出金属原子数を決定し，分散度（D＝表面原子数/触媒中の全原子数：2.3.1(2)項参照）を定義した．表面金属原子が触媒活性点だと仮定すると，固体表面反応においても触媒活性点あたりの速度定数を定義できる．このようにして不均一系の触媒反応においてもTOF を決定でき，後述する反応の構造敏感性と構造鈍感性の議論から触媒作用の本質に迫る議論が可能になった．

(2) 反応中の吸着量測定と反応中間体の同定

2種類以上の反応物が触媒反応を行う場合，触媒表面に存在する吸着種の割合は，各反応物を単独で吸着させたときとは非常に異なっている場合が多い．したがって反応機構を議論するためには，反応中の吸着量を測定しなければならない．この方法は1954年にTamaruにより初めて発表されたが，多量の触媒を使用して反応を行い，反応開始時に気相に導入した化学種のモル数から反応中に反応物および生成物として気相に存在する化学種のモル数を差し引くことにより求められた．たとえば，Fe触媒上でのH_2とN_2によるNH_3合成反応では，反応中気相に存在するHとNの総量の変化からFe表面はNH_2(a)吸着種で覆われていることが明らかにされた[6]．その後種々の表面分光法の発展に伴い，この考え方は反応中の表面吸着種を赤外分光法などで観測し，その動的挙動を調べる手法へと引き継がれた．この方法では多量の触媒を必要とせず，表面化学種を確実に同定でき，その時間変化を追うことが可能である．この方法の適用によりAl_2O_3やZnO上での$HCOOH$の分解反応や水性ガスシフト反応など，いくつかの重要な触媒反応の機構が解明された．

(3) 過渡応答法および同位体追跡法

過渡応答法（transient response method）とは流通系において反応が定常状態にあるとき，反応物あるいは生成物の濃度や流速を急激に変化させ，新たな定常状態に達する過程を追跡する方法である．この方法により各素反応の速度定数や反応中の吸着量や吸着状態に関する知見を得ることができる．この際に反応物や生成物の同位体標識化合物を用い，その同位体分率を急激に変化させることにより，反応条件を乱さずに定常反応における各素過程の速度定数や反応中の吸着量に関する知見を得ることが可能である（同位体追跡法；isotopic tracer method）．また，通常の反応，たとえばオレフィンの水素化反応においてH_2の代わりにD_2を用いて重水素化物の組成を追跡することにより，反応機構の詳細を議論することができる．CO の水素化反応において C－O 結合が切れて生成物になるのかどうかを調べるために，$^{13}C^{16}O$–$^{12}C^{18}O$ の混合ガスを用いることもよく行われる．

(4) モデル触媒での検討

担持金属触媒を用いているかぎり，その金属粒子径はある分布をもったものになり，特定の結晶面のもつ反応性を議論することは不可能である．そこで Somorjai を中心とした，よく構造の規定された金属単結晶を用い，担持金属触媒のモデルとなるような種々の結晶面での反応性の違いを常圧付近で検討した研究が数多く報告されている．とくに Somorjai らは単結晶表面のステップやキンクに着目し，表面欠陥構造が触媒作用にとってきわめて重要であることを証明した．

検討されたモデル表面の一例を図 4.8 に示すが，(a) はテラスのみをもつ Pt(111) 面であるが，(b) は (111) 面に対し数度だけ角度を付けて結晶面を切り出すと調製でき，(111) のテラス面とそれとは垂直な (001) 面のステップをもつ構造となる [7]．切り出す角度を選ぶことにより任意のステップ濃度をもたせることができる．切り出す方向をさらに傾けると任意のテラスとステップ濃度をもつ (c) のようなモデル表面を調製できる．このような表面での NH_3 合成，CO や NO の酸化や還元反応など，さまざまな反応が検討され，表面欠陥構造と触媒反応の相関性が明らかにされた．その結果，ステップ面は C－H，N－H，C－O 結合の切断にテラス面よりも高い活性を示す．また，H－H 結合の切断や C－N，O－H 結合の切断にも高い活性を示すことが報告されている．さらに，キンクサイトは C－C 結合の切断に重要であるとともに，酸素や窒素と結合することにより周辺のステップサイトの活性を上げたり下げたり

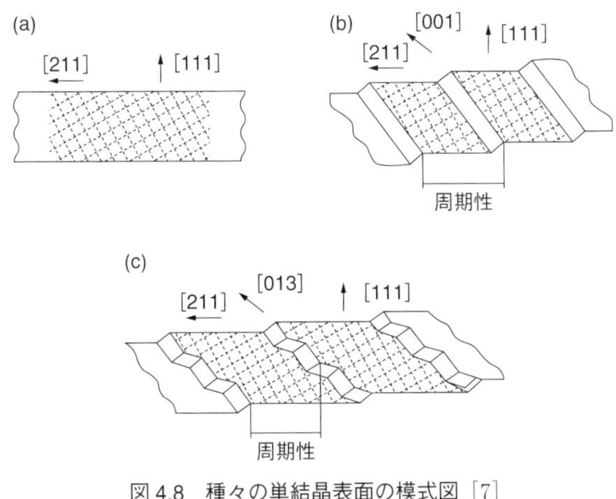

図 4.8　種々の単結晶表面の模式図［7］
(a) Pt(111), (b) Pt(557), (c) Pt(679).

する効果を及ぼすことが明らかになっている．

4.3.3　反応機構の実例

(1) アンモニア合成

N_2 と H_2 からの NH_3 合成は，不均一系触媒反応のなかでも最も古いもののひとつであり，膨大な数の研究がなされている．ハーバー・ボッシュ (Harber-Bosch) 法とよばれるこの方法では，N_2 と H_2 の混合物を 400〜600℃，200〜1000 atm で四酸化三鉄 (Fe_3O_4) を主成分とする触媒を用いて直接化合させ，NH_3 をつくる．この触媒は正確には Mittasch によって発見されたものであるが，数%の Al_2O_3 と K_2O を含むことから二重促進鉄触媒とよばれる．これは今世紀初頭の触媒化学における最大の発見といってもよく，現在でもほぼそのままのかたちで工業的に用いられている，じつに息の長い触媒である．種々の分析法を用いた詳細な検討から，反応の初期段階においてFe_3O_4の還元が起こり，実際にNH_3合成に効いているのはFe金属であることが明らかにされた．このように触媒の状態は最初に用いる状態と定常的な反応中の状態でまったく異なっている場合も多い．したがって，触媒のはたらきを考える際には真の触媒活性種とその構造を明らかにすることが必要である．

Fe金属上でのNH_3合成は次のような反応スキームで進行する．

$$N_2 \longrightarrow 2\,N(a), \qquad H_2 \longrightarrow 2\,H(a) \tag{4.31}$$

$$N(a) + H(a) \longrightarrow NH(a) \tag{4.32}$$

$$NH(a) + H(a) \longrightarrow NH(a) \tag{4.33}$$

$$NH_2(a) + H(a) \longrightarrow NH_3(a) \longrightarrow NH_3 \tag{4.34}$$

このうち，最初のN_2の解離過程が最も速度の遅い過程（律速段階）であり，NとHの解離吸着により260 kJ mol^{-1}の安定化が起こる．さらにN(a)とH(a)の表面反応によりNH(a)，NH_2(a)といった反応中間体を経てNH_3が生成する．

Fe金属上でのNH_3合成反応は触媒の形状により著しく活性の変化する構造敏感な反応であり，3回の対称性をもつサイトの中に存在するC_7原子構造（図4.9）が高活性を示すという提案がなされた．一方，実用触媒のモデルとしてFe(111)，(100)，(110)単結晶表面でのH_2–N_2（3：1）反応を798 K，20 atmの条件で比較した結果，図4.9に示すように表面原子密度が最も粗なFe(111)面での活性が最も高く，(100)面，(110)面と表面原子密度が密になるに従い活性が著しく低下することが報告されている（400：32：1）．図に示した各結晶面の原子配列のうち，(111)面では7配位（C_7）および4配位（C_4）構造の原子を含むのに対し，(100)および(110)面では4，6や8配位構造であり，先の提案とよい対応を示している[8]．

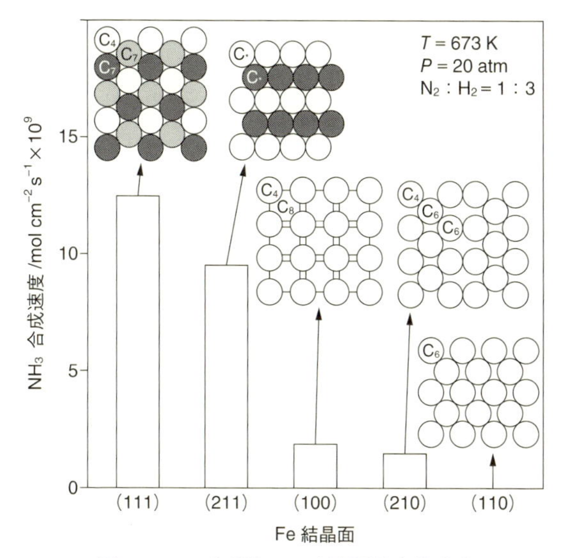

図 4.9 NH_3 合成法の Fe 結晶面依存性［8］

すでに述べたように，実用的な NH_3 合成用二重促進鉄触媒では主成分である Fe に Al_2O_3 や K_2O が添加されている．Al_2O_3 は Fe 金属粒子を安定化させ，シンタリングを防ぐ役割を担い，構造促進剤という名でよばれてきた．この現象を Fe 単結晶の種々の結晶面をアルミニウム薄膜（Al_xO_y）で修飾したモデル触媒で検討した結果を図 4.10 にまとめてある．図からわかるように未修飾清浄表面では，活性は Fe(111)＞Fe(100)＞Fe(110) となるが，2 原子層のアルミニウム薄膜を修飾して高温で水蒸気処理をすると，活性の低かった Fe(100) 面や（110）面が（111）面とほぼ同様な活性をもつようになる［9］．

このときの表面の LEED 観察から水蒸気処理により（100）面や（110）面の表面再構築が起こり，（111）面のような C_7 サイトが形

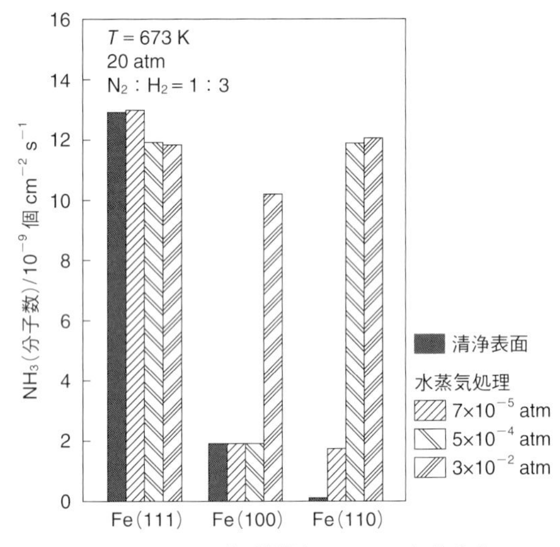

図 4.10　Fe モデル触媒上での NH_3 合成［9］

成され，NH_3 合成に高活性となるものと考えられる．また，Fe(100) 面に Al を添加した後に K を加えると $KAlO_2$ 類似の表面化合物を与え，やはり（111）面に匹敵する高活性を示す．このように最初に Mittasch が発見したときには，その役割は不明のままに二重促進鉄触媒として添加されてきた Al_2O_3 や K_2O が，準安定な面である高活性 Fe(111) 面が，安定な低活性面（100）や（110）になるのを防ぐ重要な役割を担っていたことが明らかとなっている．

(2) 一酸化炭素の水素化

CO の水素化反応（フィッシャー・トロプシュ合成）も NH_3 合成反応に劣らず古くから研究されてきた反応であるが，最近の石油代替エネルギー資源の開発の観点から，より活性および選択性の高い

表 4.2 CO–H_2 反応の生成物と触媒［10］

反応物	生成物	触媒
CO–H_2	CH_4	Ni
	C_nH_{2n}, C_nH_{2n+2}	Fe, Co, Ru
	CH_3CHO, C_2H_5OH	Rh
	$C_{n-1}H_{2n-1}CHO$, $C_nH_{2n+1}OH$	Fe, Co
	$HOCH_2CHO$, $HOCH_2CH_2OH$	Rh
	CH_3OH	Pd

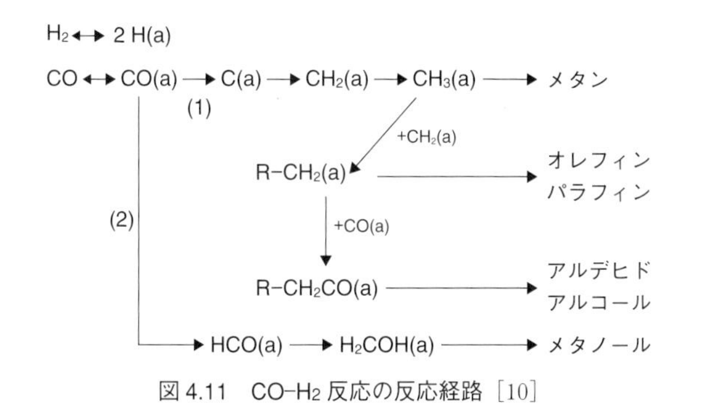

図 4.11 CO–H_2 反応の反応経路［10］

触媒の開発が望まれている分野である．一方，固体表面での触媒反応という観点からみても CO と H_2 という簡単な分子どうしからさまざまな結合の組換えを経て非常に複雑な分子まで合成される興味深い反応といえる．表 4.2 にこの反応で合成される生成物と代表的な触媒を挙げてあるが，この選択性は用いる金属の種類，その粒子径，担体や添加物，反応条件により著しく異なる［10］.

図 4.11 に現在まで考えられている CO の水素化反応の反応経路を図示する［10］．金属触媒では反応中触媒表面の大部分は吸着 CO で覆われており，ごく一部のところで H_2 の解離吸着が起こる．図中のステップ（1）および（2）で示すとおり，この反応の選択性

はC−O結合の解離を経るかどうかで大別できる．図4.12にブライホルダー（Blyholder）モデルとよばれる金属表面へのCOの吸着様式を示す［11］．表面結合に直接関与しない1πと4σ軌道のエネルギー差Δ(1π−4σ) eVは，COの解離のしやすさと対応していることが吸着COの真空紫外光電子分光法（UPS）の測定から知られている．その値を表4.3の周期表中に示してある［12］．表の左側にいくほどC−O結合は弱まっており，室温においてCOの解離が認められる．一方，メタン化反応のTOFはRu＞Ni＞Co＞Rh＞Pd＞Pt＞Irの順になっており，解離と非解離の中間にある金属で最も活性の高いことがわかる．

メタンや炭化水素がCOの解離を経て生成することに関してはPonecらの同位体を用いた実験が有名である．Ni箔上でCO–H_2反応を行うと，まず気相に生成するのはCO_2でありメタン生成に誘導期のみられることから，反応は次のように進んでいるものと考えた．

$$CO(a) \longrightarrow C(a) + O(a) \tag{4.35}$$

$$O(a) + CO(a) \longrightarrow CO_2 \tag{4.36}$$

$$C(a) + 4\,H(a) \longrightarrow CH_4 \tag{4.37}$$

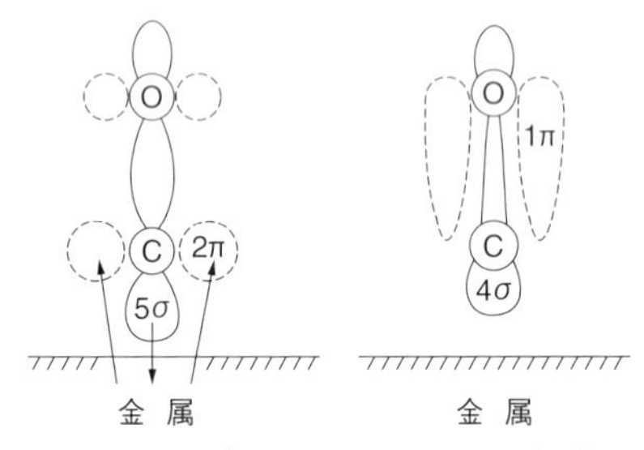

図4.12　ブライホルダーモデル［11］

表 4.3　種々の金属表面への CO 吸着 [12]

室温で解離 (D)				分子状吸着 (M)		
	Cr	Mn	Fe	Co	Ni	Cu
吸着状態 $\Delta(1\pi-4\sigma)$/eV 吸着熱/kcal mol^{-1}			D 3.5 50～32	 25	M 3.08 27	 18
	Mo	Tc	Ru	Rh	Pd	Ag
吸着状態 $\Delta(1\pi-4\sigma)$/eV 吸着熱/kcal mol^{-1}	D 3.5 ～70		M 3.15 29	 33	M 3.90 36	 7
	W	Re	Os	Ir	Pt	Au
吸着状態 $\Delta(1\pi-4\sigma)$/eV 吸着熱/kcal mol^{-1}	D，M 3.7 ～75			M 2.75 34	M 2.60 31	

さらに Ni 箔上に CO のみを導入すると式 (4.35)，(4.36) の反応で CO_2 が生成し表面に C(a)を残す．これを^{13}CO で行い ^{13}C(a)を表面に蓄積させたのち^{12}CO–H_2 反応を行った結果を図 4.13 に示す [13]．この際には誘導期なしに CH_4 が生成するが，その同位体組成は初期には圧倒的に$^{13}CH_4$ が多く，分子状^{12}CO より速く解離炭素 ^{13}C(a)を経て反応の進行することが示唆された．

さらに図 4.11 に示したように解離炭素の水素化でメタンと CH_2(a)を連鎖担体 (chain carrier) とする連鎖成長反応で高級炭化水素が生成すると考えられているが，炭化水素の生成物分布は一般的な重合反応でよく知られているシュルツ・フローリー (Schulz-Flory) 式 (図 4.14) で整理されることもこの機構を支持している [14]．すなわち今，連鎖成長速度 r_p および停止反応速度 r_t が炭素数に依存しないとすると，連鎖成長確率 $\alpha=r_p/(r_p+r_t)$ は一定と

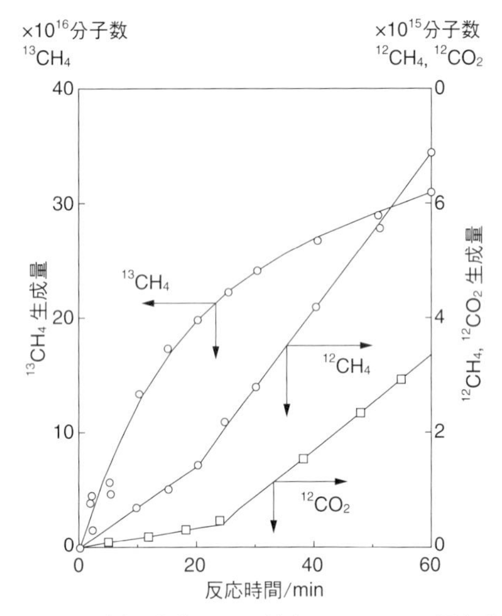

図 4.13　^{13}C(a) を蓄積した Ni 箔上での ^{12}CO–H_2 反応 [13]

なる．このとき n 個の炭素鎖をもつ生成炭化水素のモル分率 m_n と炭素数 n の間には $m_n=(\ln 2\alpha)n\alpha^n$ なる関係が成立ち，図 4.14 に示すようにlog（m_n/n）と n の間には直線関係が成立する．CH_2(a) 種が炭化水素生成の chain carrier となりうることを示すために，種々の金属触媒上での CH_2N_2 の水素化反応を検討した例がある．F-T 合成活性のない Cu 上では CH_2N_2 の分解で生成したメチレン基の 2 量化でエチレン（C_2H_4；$H_2C=CH_2$）が生成するのみであるが，合成活性をもつ Co，Fe，Ru，Pd，Ni 上では CO–H_2 反応と類似の生成物分布が得られている．

モデル触媒として Ni や Ru の単結晶を用い，1.6×10^4 Pa で CO–H_2 反応を行い，結晶面によるメタンの生成速度の違いを検討した

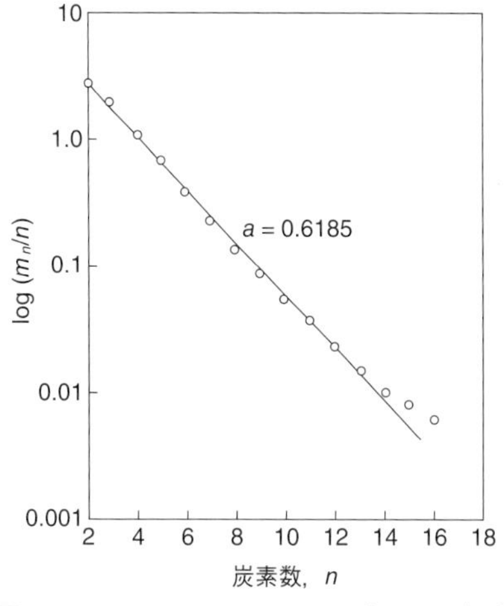

図 4.14　シュルツ・フローリープロット［14］

研究例がある．Ni の場合の結果を図 4.15 に示すが（111）面および（100）面で速度や活性化エネルギーにまったく差の見られないことがわかる［15］．さらに種々の担持率の Ni/Al_2O_3 と比較しても差の見られないことから，Ni 上のメタン生成反応は構造鈍感な反応であるということになる．すでに述べたようにこの反応の最初の素過程と考えられている CO の解離はステップやキンクで優先的に起こる構造敏感な過程なのに対し，全反応の速度が構造鈍感となるのは，この反応の律速段階が解離炭素の水素化過程となるからである．

(3) 炭化水素の脱水素・水素化分解・異性化反応

固体表面上での炭化水素の関与する反応としては，水素化，脱水素，異性化，分解，環化や酸化反応などがあり，多岐にわたってい

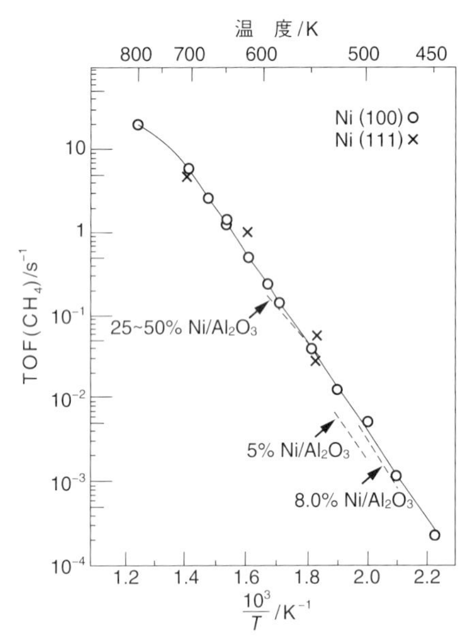

図 4.15　Ni 触媒上での CO–H_2 反応のアレニウスプロット［15］

る．とくに石油の改質反応（reforming）は水素化精製後の重質ガソリン留分から高オクタン価ガソリン基材を得る触媒プロセスとして重要であり，Al_2O_3 担持の Pt 触媒が用いられている．この際，炭化水素の異性化反応や脱水素環化反応は Pt 金属の粒子径により活性や選択性の著しく変化する構造敏感な反応であるのに対し，水素添加反応は Pt 粒子径に依存しない構造鈍感な反応であることが知られていた．

これに関連して，担持金属触媒のモデルとして図 4.8 に示した，テラスのみをもつ Pt(111) 面と種々の濃度のステップやキンクをもつ面でのシクロヘキサン（C_6H_{12}）の脱水素反応と水素化分解反応の速度の比較がなされた．これらの反応はいずれもその進行に伴い活性の低下がみられるが，初速度だけで比較すると，図 4.16 のような結果が得られている [16]．すなわち，150℃ でシクロヘキサンと水素の混合ガスを種々のステップやキンク濃度をもつ Pt 単結晶に触れさせると脱水素反応でベンゼン（C_6H_6），水素化分解反応で n-ヘキサン（C_6H_{12}）が生成する．水素化分解の速度はステップ濃度やキンク濃度に比例し，C−C 結合の切断にこれらの面が重要であることがわかる．一方，脱水素反応は見かけ上ステップやキンクの濃度に依存しないようにみえるが，テラス上ではこの反応は非常に遅い（図中(a)の 0 の点）ことから，C−H 結合を切るため

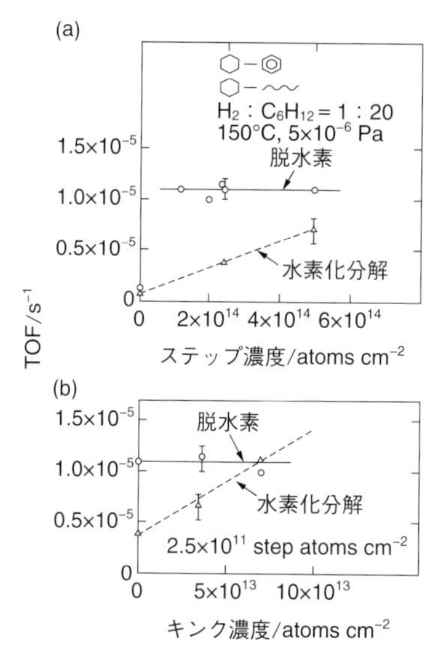

図 4.16 シクロヘキサンの脱水素によるベンゼンの生成と水素化分解による n-ヘキサン生成のステップ・キンク濃度依存性 [16]
(a) ステップ濃度依存性，(b) キンク濃度依存性．

には，やはりステップが重要であることがわかる．この場合ステップやキンクの濃度が速度に効いてこないのは，律速段階がこれらの関与する過程ではないためと理解されている．

すでに述べたようにPt単結晶上に150℃で炭化水素を10^{-2} Pa以下の低圧で導入すると数分で，10^3 Pa以上の常圧では数秒で，炭素の蓄積がみられ，反応速度は低下する．この低下の度合いはテラス上で最も著しくテラス＞ステップ＞キンクという関係のあることが明らかにされている．しかし，これらの炭素の被覆層は単にPt表面を覆い活性点をブロックしているだけでなく，むしろPt表面を修飾することによりその活性や選択性を変化させていると考えられる根拠がいくつかある．たとえば，このような被覆層の上でもC_6H_6やH_2の吸着がみられるが，その吸着エネルギーは清浄表面に比べてずっと大きくなっていることが昇温脱離の実験から明らかにされている．したがって，通常の担持Pt触媒上での炭化水素の水素化・脱水素・異性化反応などは，このような炭素の被覆層で修飾された表面上で定常的に進行していることになり，その反応機構や活性点の構造を議論する際にもこの点を十分考慮しなければならない．

4.4　固体触媒のデザイン

触媒化学の著しい進歩と触媒反応に対する膨大なデータの蓄積に伴い，新規な反応のための触媒開発，すなわち固体触媒のデザインが夢ではなくなりつつある．そのためにはまず，目的反応の熱力学的な可能性を検討する．次に開発触媒の反応条件や，経済的に最低限必要な活性や選択性，寿命を設定する．経済性の判断には，触媒寿命の期間内に触媒1 kgあたり生産可能な生成物量（生産性），触媒価格の何倍の生成物が得られるか（付加価値生産性）などの検討が必要である．

4.4.1　主触媒成分の選定

(1) 金　　属

固体触媒上で触媒反応が起こるためには，まず反応物の触媒表面への吸着が不可欠である．表4.4にはさまざまな金属表面での種々の気体が化学吸着をするか否かを定性的に示してある [17]．Ti から Os までの金属は，ここに示したすべての気体を化学吸着する．これらの吸着質の関与する反応では，化学吸着の能力が触媒活性と深く関わっており，触媒のデザインをする際には，まず，化学吸着の能力が1つの目安となる．たとえば，N≡N および H−H 結合の切断能のある金属は NH_3 合成，C≡O および H−H 結合の切断能がある金属は合成ガスからの炭化水素合成の触媒になると予測することが可能である．

表4.4　種々の金属の吸着能 [17]

金　属	吸着質						
	O_2	C_2H_2	C_2H_4	CO	H_2	CO_2	N_2
Ti, Zr, Hf, V, Nb, Ta, Cr, Mo, W, Fe, Ru, Os	+	+	+	+	+	+	+
Ni, Co	+	+	+	+	+	+	−
Rh, Pd, Pt, Ir	+	+	+	+	+	−	−
Mn, Cu	+	+	+	+	±	−	−
Al, Au	+	+	+	+	−	−	−
Li, Na, K	+	+	−	−	−	−	−
Mg, Ag, Zn, Cd, In, Si, Ge, Sn, Pb, As, Sb, Bi	+	−	−	−	−	−	−

+：強く吸着，±：弱く吸着，−：吸着しない．

コラム4

Pt/TiO_2 ナノチューブや Rh/TiO_2 ナノカプセル触媒上での CO–H_2 反応の活性点構造

規則的なナノ細孔をもつ機能性材料の合成は，吸着剤，電子デバイスや触媒担体への利用の観点から注目されている．なかでも8～10族金属アンミン錯体ナノ結晶を構造決定鋳型剤としTEOSを結晶表面で選択的に加水分解させることにより，金属クラスターを内包したシリカナノチューブやナノカプセルの調製は，結晶鋳型法とよばれ注目されている．この方法で得られるシリカ壁は高温焼成後，水素のみを選択透過できるミクロ細孔を有し CO–H_2 反応でもメタンを選択的に合成する特性を示す．一方，アルコキシドをTEOSからテトライソプロポキシチタン（TIPT）に変えて加水分解後高温焼成を行うと，4～5 nmのメソ細孔をもつルチル構造の TiO_2 壁を調製できる．500℃焼成後の Pt–TiO_2（nt）と Rh–TiO_2（nc）のTEM写真を図1に示す．Ptの場合，直径約100～200 nm，長さ400～1000 nm，壁の厚みが10～20 nmの閉じたチューブが得られた．EDX（エネルギー分散型X線検出器）観察によると TiO_2 内壁面はPt金属の板状の凝集体で覆われていることがわかる．このPt金属をSite Bと名づける．また TiO_2 壁中には0.3～0.5 nmのPtクラスター微粒子が高分散していること

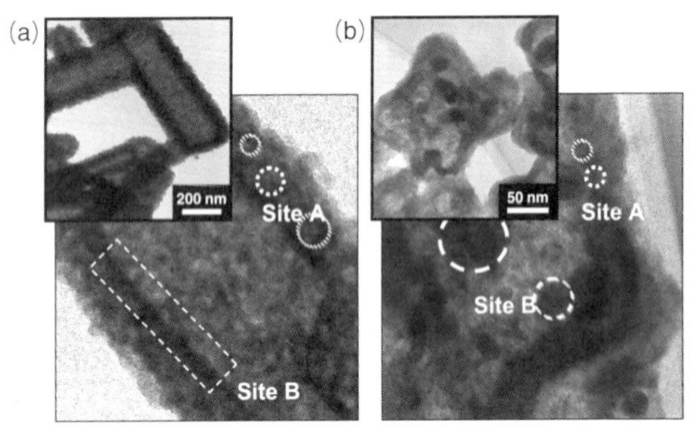

図1　500℃焼成後のTEM写真
(a) Pt–TiO_2(nt)，(b) Rh–TiO_2(nc).

が拡大写真から観察できる（Site A）．一方，Rh の場合は一辺が約 100 nm の直方体（カプセル）からなり，壁の厚みは約 10～20 nm であった．Pt の場合とは異なり，数 nm の大きな Rh 金属粒子（Site B）がカプセル内に散在しているが，TiO_2壁中にはサブナノメートルの Rh クラスター微粒子が高分散（Site A）している点は Pt の場合と類似している．

Pt–TiO_2(nt) 触媒を閉鎖循環系で 2.3×10^4 Pa の水素で還元後，4×10^3 Pa の CO と 8×10^3 Pa の水素を導入し 423 K で CO–H_2 反応を行った際の生成物の経時変化を図 2(a) に示す．図 2(b) には比較のために通常の含浸法で調製した Pt/TiO_2（imp）（通常含浸調整）触媒上での同様の反応結果を示すが，ナノチューブ触媒のほうが 1 桁以上活性の高いことがわかる．反応初期には主生成物はメタンであるが，30 分程度の誘導期の後，メタノール（CH_3OH；MeOH）の急激な生成がみられ，反応後期には 90% 以上の選択性に達した．一方，含浸触媒では 4 時間後でもメタノールの生成はごくわずかであった．同様の CO–H_2 反応活性を Rh–TiO_2(nc) と Rh/TiO_2(imp) 触媒で比較検討した結果，やは

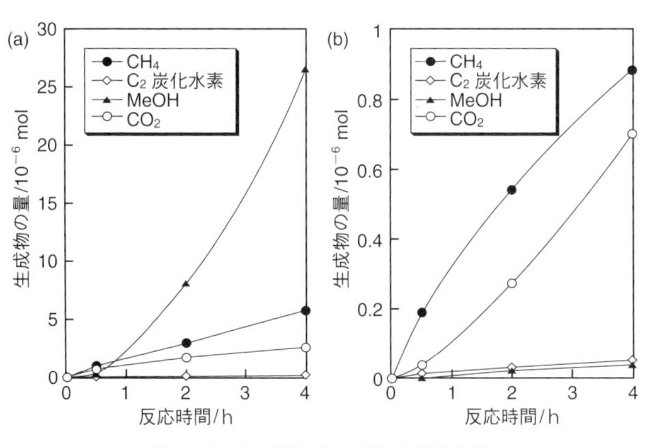

図 2　CO–H_2 反応（423 K）の経時変化
（a）Pt–TiO_2(nt)，（b）Pt/TiO_2(imp)．

りナノ構造触媒のほうが数倍高活性であることがわかった.

[1] Naito, S., Kasahara, T., Miyao, T.（2002）*Catal. Today*, **74**, 201.
[2] Naito, S., Aida, A., *et al.*（1998）*Chem. Lettts.*, 941.

同種の吸着能をもつ金属の触媒反応の活性序列は，その吸着の強さによって決まる．すでに“火山型活性序列”の項で述べたが，吸着力が弱すぎると反応活性は低いが，逆に強すぎる金属では吸着種が反応を阻害することになり，活性は落ちる．たとえば，水素化反応で8～10族金属が高活性なのは，5,6族金属では安定な金属水素化物が形成されるし，1族では吸着が弱すぎるからである．NH_3合成では窒素の吸着熱が中間的であるRuやFe金属が高活性を示す．COの水素化反応でCH_4や長鎖の炭化水素を生成するか，含酸素化合物を生成するかも金属のもつCO解離能やCO挿入と深く結びついている．

(2) 金属酸化物

遷移金属酸化物は選択的酸化反応や脱水素反応に活性である．多くの酸化反応は酸化還元機構で進行する．すなわち，触媒の格子酸素が反応物と結合し，還元状態となった触媒は気相酸素によりふたたび酸化されて触媒サイクルが完結する．したがって，金属–酸素結合が適度の強さをもち，酸化数が容易に変化できる酸化物が高い触媒活性を示すと予測される．金属–酸素結合の強さの指標として酸化物の酸素原子あたりの生成熱である$-\Delta H_f^0$を横軸に，エチレンの酸化活性（転化率が1.8%に達する温度；$T_{1.8}$℃）を縦軸にとると，図4.17のような火山型の活性序列が得られる．$-\Delta H_f^0$の小さい酸化物ほど金属–酸素結合が弱く表面酸素は反応しやすく，酸化物の触媒活性は高い．しかし，Au_2O_3 や Ag_2O のように小さすぎると，その生成過程が律速となり酸素の補給，すなわち金属–酸素結合の生成が律速となり活性は低下する．

(3) 固体酸と固体塩基

固体酸にはゼオライト，金属酸化物，金属硫酸塩，金属リン酸塩，陽イオン交換樹脂，ヘテロポリ酸などがある．固体酸触媒の面の性質は酸強度，酸量および酸の種類により決まるが，酸強度が小さすぎると触媒活性を示さず，大きすぎると炭素析出などの副反応を示す．

金属硫酸塩，金属リン酸塩では電気陰性度の大きいものほど酸強度は高くなる傾向がある．金属酸化物では，金属イオンの平均電気陰性度と酸強度の間に同様の関係が成り立つ．固体塩基にはアルカリ金属酸化物，アルカリ土類金属酸化物，希土類酸化物などがあ

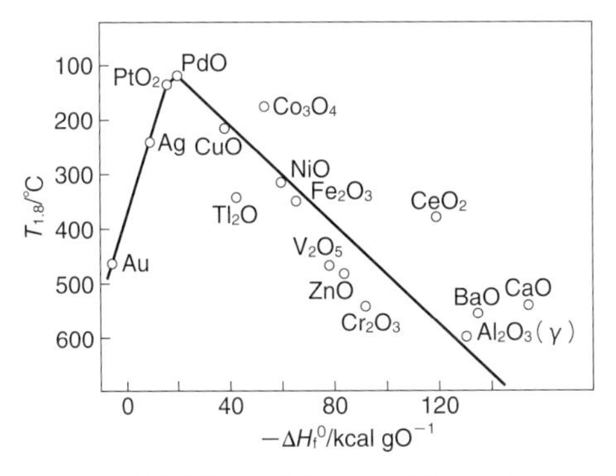

図 4.17 エチレンの完全酸化活性と種々の酸化物の生成エンタルピーとの相関［18］

る．一般にアルカリ，アルカリ土類金属酸化物では金属イオンの電気陰性度が小さくなるほど塩基性度が高くなる．

4.4.2　触媒担体の選定

担体は，活性成分をその表面に担持して触媒性能を十分に発揮させるために必要な触媒成分のひとつで，大部分の実用触媒に不可欠なものである．活性成分の分散状態を適切に調節するだけでなく，触媒全体の熱や機械的性状，表面積および細孔構造を保持する重要なはたらきを担う．また，触媒反応の一部に直接関与して反応を促進したり，あるいは望ましくない反応を抑制する場合もある．ここでは，触媒担体の選定のために必要な判断基準について述べる．

(1)　機械的・熱的強度

担体の選定には，まず触媒の機械的強度の向上を目指す必要がある．反応塔への触媒充填時の圧力や衝撃に耐えうるかどうか，また，液相反応では攪拌子との摩擦に耐えうるか，などの検討を要する．自動車排ガス触媒では，急熱・急冷に耐えうる耐熱衝撃，車両振動に耐える耐久性などを解決するために，触媒床を一体化したハニカム型モノリス担体が開発された．

(2)　担体の等電点

多くの金属酸化物担体では表面にヒドロキシ基（OH）をもち，触媒調製時に加える水溶液の pH によって H^+ を吸着あるいは放出する．このとき電荷がゼロになる pH のことを等電点という．各種担体は固有の等電点をもつが，それより低い pH では表面ヒドロキシ基は H^+ を吸着して溶液中のアニオンと相互作用する．逆に等電点より高い pH では表面ヒドロキシ基は H^+ を解離して溶液中のカチオンと相互作用する．触媒調製では，イオン交換法で触媒前駆体を均一に分散させることが多いが，担体の等電点の検討は非常に重要である．

(3) 形状選択性

ゼオライト，リン酸アルミニウム（$AlPO_4$），層間化合物，メソポーラスシリカなどを担体に用いると，反応物や生成物を分子の大きさで選別する分子ふるい効果が発現する．たとえばA型ゼオライトの細孔径は0.42 nmであり，*n*-オクタンは通過できるが，イソオクタンは通過できず，細孔内での炭化水素の骨格異性化反応の選択性を制御することが可能である．

4.4.3 二元機能触媒

二元機能触媒は，石油化学においてナフサから高オクタン価ガソリンを得るために開発されたPt/Al_2O_3に他の金属やハロゲンを添加した触媒において，Ptの水素化脱水素能と，Al_2O_3の固体酸としての骨格異性化能という異なった2つの機能を合わせ備えていることから名づけられた．担体としてAl_2O_3以外にZrO_2やH-ZSM-5が高活性を示すが，反応としてはPt上でH_2が解離して生成するHが担体上にスピルオーバーして，担体のルイス酸点でH^+に変化する機構が考えられている．

(1) スピルオーバー現象

金属と担体からなる固体触媒で金属表面に吸着したHやO，COなどの比較的軽い化学種が担体表面上に移動し，吸着サイトとは遠く離れた場所で触媒反応に関与する現象をスピルオーバーという．例としては，酸化タングステン（WO_3）は400℃，H_2雰囲気下では

コラム5

SMSI 状態の Pd 触媒による CO–H_2 反応中のメタン生成活性点からメタノール生成活性点への変換プロセス

担持 Pd 触媒上での CO–H_2 反応でメタンとメタノール生成の選択性支配因子に関しては，さまざまな研究がなされてきた．Pd の粒子径が非常に小さい場合には，担体との強い相互作用により，形成されるカチオン的な Pd^+ 種がメタノール合成の活性点となるという説が一般的であるが，本コラムでは，Pd の粒子径が大きくなると露出結晶面の違いや担体との強い電子的相互作用が CO–H_2 反応の選択性を左右するという例を紹介する．

Pd/CeO_2 触媒上での CO–H_2 反応において，Pd の粒子径が 30～50 nm と大きな場合の活性と選択性が担体との強い相互作用（SMSI）で著しく変化することが報告されている．図1に，4 wt%Pd/CeO_2 触媒の還元後の TEM 像を示す．573 K の低温還元（LTR）後では，大部分の Pd 表面は露出した状態にあるが，773 K の高温還元（HTR）を行うとすべての Pd 金属表面はセリア酸化物の薄膜で覆われてしまうことがわかる．このことは還元後の表面への CO 吸着量からも裏づけられ，HTR 処理により吸着量は 0 となり吸着 CO の赤外スペクトルもほぼ消失した．SMSI 状態は後述するように 723 K，1.3×10^4 Pa の水蒸気処理でほぼ回復する可逆的な現象である．

図2(a) および (b) には Pd/CeO_2 上での CO–H_2 反応（423 K）の経時変化

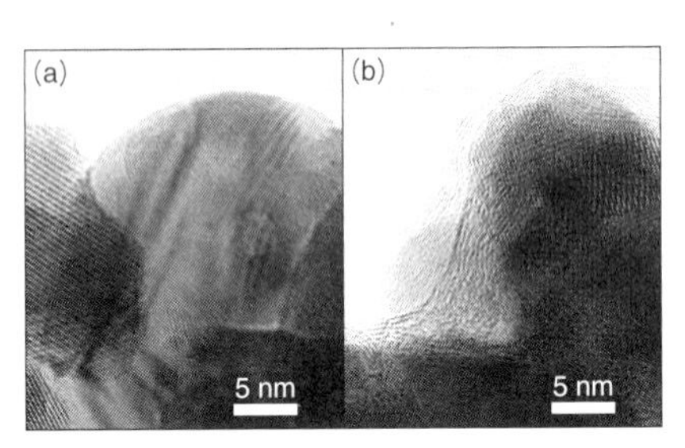

図1　4 wt% Pd/CeO_2 触媒の還元後の TEM 像
(a) 573 K (LTR)，(b) 773 K (HTR)．

を示す．LTR 状態では反応初期からメタンとメタノールの生成がみられるが，メタノールの生成速度は非常に遅く，約 1 時間の誘導期が観測された．反応の後半になるとメタノールの生成速度の著しい増加とメタン生成速度の減少がみられた．一方，HTR 状態では状況がまったく異なり，メタンの生成速度は LTR に比べ数倍向上すると同時に，メタノールの誘導期も 5～6 倍長くなった．以上のことは，高温還元による SMSI 状態ではメタンの活性サイトの増加とメタノールの活性サイトの減少が起こっていることを強く示唆している．反応中のメタノールの誘導期の原因を調べる目的で，還元処理後の触媒を 423 K，1.3×10^4 Pa の水蒸気で 2 時間処理した後，CO–H_2 反応を行うと誘導期はほぼ消失し，反応初期からメタノールが生成するようになった．このことは高温還元により形成されるメタン活性点は，反応の進行に伴い生成する水によって，メタノール活性点へと変換されていくことを示している．

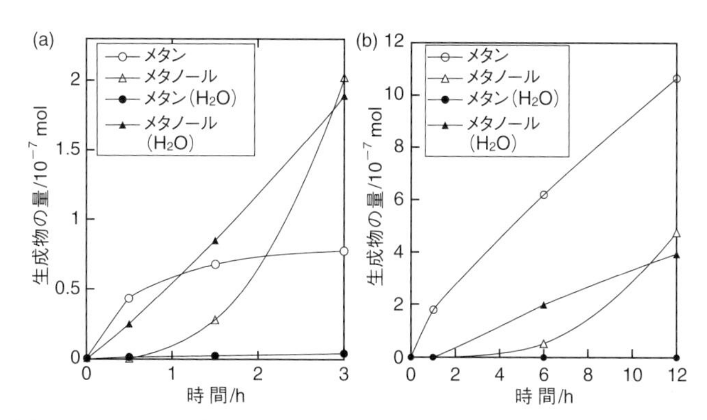

図 2　4 wt% Pd/SiO_2 上での CO–H_2 反応（423 K）における生成物の経時変化
（a）LTR，（b）HTR．H_2O：413 K 水処理後の反応．

［1］Naito, S., Kasahara, T., Miyao, T.（2002）*Catal. Today*, **74**, 201.
［2］Naito, S., Aida, S., Miyao, T.（2000）*Stud. Surf. Sci. Catal.*, **130**, 701.

容易に還元されないが，Pt/Al_2O_3 触媒を WO_3 に混合すると，Pt 上で解離した H により室温でも容易に還元されて，H_xWO_3 の生成が確認される．石油の接触分解や水蒸気改質反応では，固体酸触媒がよく用いられているが，触媒活性は反応中にコークの析出により著しく低下する．このとき固体酸触媒として，Pt などの貴金属を少量添加すると，金属からスピルオーバーした H_2（あるいは O_2）が炭素質と反応して，CH_4 や CO，CO_2 として除去されるため，触媒の劣化を抑えることができる．

(2) SMSI 効果

TiO_2 担体に Pt を分散担持させた Pt/TiO_2 触媒を 500℃ の高温で水素還元すると，室温での H_2 や CO 吸着量が極端に減少する．しかし，電子顕微鏡などの観察では Pt 粒子径にほとんど変化はみられない．H_2 吸着後の触媒を 400℃ で O_2 処理ないしは 200℃ で H_2 処理することにより，吸着量はほぼ元の値にもどる．繰り返し再現性がみられることから，この現象は高温還元に伴う金属と担体との強い相互作用によるものと結論され，SMSI（strong metal support interaction）効果と名づけられた．比較的水素で容易に還元される遷移金属酸化物（TiO_2，Nb_2O_5，V_2O_5 など）を担体に用いた担持金属触媒では，高温水素還元中に担体表面の一部が還元されて，部分的に還元された種（TiO_x，NbO_x，VO_x など）が担体上を移動（migration）し，金属表面を覆うために吸着量が激減すると考えられている．SMSI 効果は，触媒の活性や選択性にも著しい変化をもたらす．SMSI 状態にした触媒を用いると，炭化水素の関与する反応で水素化分解などの副反応が抑えられたり，CO の水素化反応でエチレンのヒドロホルミル化の活性，選択性の著しい向上が報告されている．

参考文献

[1] 上松慶喜・内藤周弌ほか（2004）『触媒化学』，応用化学シリーズ 6，p.49，朝倉書店．
[2] 菊地英一・瀬川幸一ほか（1997）『新しい触媒化学（第 2 版）』，p.183，三共出版．
[3] 上松慶喜・内藤周弌ほか（2004）『触媒化学』，応用化学シリーズ 6，p.56，朝倉書店．
[4] Sachtler, W. M. H., Farrenheit, J.（1961）Proc. Int. Congr. Catal. 1960, p.831.
[5] 上松慶喜・内藤周弌ほか（2004）『触媒化学』，応用化学シリーズ 6，p.79，朝倉書店．
[6] Tamaru, K.（1954）*Adv. Catal*., **15**, 65.
[7] Kahn, D. R., Petersen, E. E., Somorjai, G. A.（1974）*J. Catal*., **34**, 294.
[8] Spencer, N. D., Schoonmaker, R. C., Somorjai, G. A.（1981）*Nature*, **247**, 643.
[9] Strongin, D. R., Carrazza, J., Somorjai, G. A.（1987）*J. Catal*., **103**, 213.
[10] 上松慶喜・内藤周弌ほか（2004）『触媒化学』，応用化学シリーズ 6，p.87–88，朝倉書店．
[11] 内藤周弌（1983）触媒，**25**(7)，257.
[12] Rodin, T. N.（1976）*Surf. Sci*., **59**, 593.
[13] Araki, M., Sachtler, W. M. H.（1976）*J. Catal*., **44**, 439.
[14] Anderson R. B.（1956）"Catalysis 4", p.257, Springer–Verlag.
[15] Kelly, R. D., Goodman, D. W.（1982）*Surf. Sci*., **123**, L 734.
[16] Blakely, D. W., Somorjai, G. A.（1975）*Nature*, **258**, 580.
[17] Hayward, D. O., Trapnell, B. M. W.（1964）"Chemisorption", p.231, Bttterworths.
[18] 清山哲郎（1966），触媒，**8**, 306.

第5章

固体触媒の利用

第1章で述べたように，重要な化学プロセスの工業化のために触媒の果たした役割は非常に大きい．ここでは，化学工業やエネルギー，環境保全，バイオマス資源の有効利用など，21世紀の持続社会を担う新しい触媒の活躍の様子を紹介したい．

5.1 工業触媒

本節では20世紀初めに，種々の酸化反応をはじめ，化学工業の発展に役立ったいくつかの触媒の研究について述べる．

5.1.1 選択酸化反応

一般にパラフィンの酸化反応に比べ，不飽和炭化水素であるオレフィンの酸化はより温和な低温で進行する．固体触媒による酸化反応は，触媒金属上で活性化された酸素により反応が進行する担持金属触媒とバルク酸素が反応に直接関与する複合酸化物触媒とに大別できる．

アルデヒドやカルボン酸あるいはシアノ基をもつ化合物の製造では，生成物の触媒からの脱離が遅いため300℃以上の比較的高温が必要である．そのため，高活性な担持金属触媒では二酸化炭素への完全酸化による選択性低下が進行してしまうので，工業的にはおもに複合酸化物系触媒が適している．一方，高選択性を必要とするファインケミカルの製造には担持金属触媒が用いられる．酸化生成物の逐次酸化の抑制のためや反応熱除去のため，酸化反応では原料転化率を 20% 程度に抑えることが必要である．

(1) オレフィン酸化

担持 Ag 触媒は，エチレンの分子状酸素によるエポキシ化でエチレンオキシドを合成できる触媒として有名である．反応は 200℃ 以下の低温で進行し，80% 以上の高い選択性を示す．高分散した Ag 微粒子上で活性化された分子状酸素が反応に関与するとする説が有力である．

プロピレンやイソブテンなどのオレフィンを部分酸化して，アクロレインとアクリル酸や，メタクロレインとメタクリル酸を 90% 程度の高選択性で合成できる触媒としてビスマス（Bi)−モリブデン（Mo）系複合酸化物やヘテロポリ酸がよく知られている．さらに，プロピレンの酸化にアンモニアを加えると，アンモ酸化反応でアクリロニトリルが 80% 以上の高選択率で製造できる．

(2) 酸化的アセトキシル化

オレフィンと酢酸を酸素存在下で反応させ，酢酸エステルを製造する反応を酸化的アセトキシル化反応とよぶ．酢酸を共存させることによりオレフィンの完全酸化過程を途中でエステルとして安定化させるプロセスともいえる．図 5.1 に示すように，エチレンとプロピレンからは 200℃ 以下の温度で酢酸ビニルと酢酸アリルが，ブタジエンからは 100℃ 以下で 1,4−ジアセトキシブテンが製造される．いずれの場合も Pd が主触媒であるが，助触媒として Au や Te と組み合わせることにより，Pd の電子状態を変化させ選択性を向

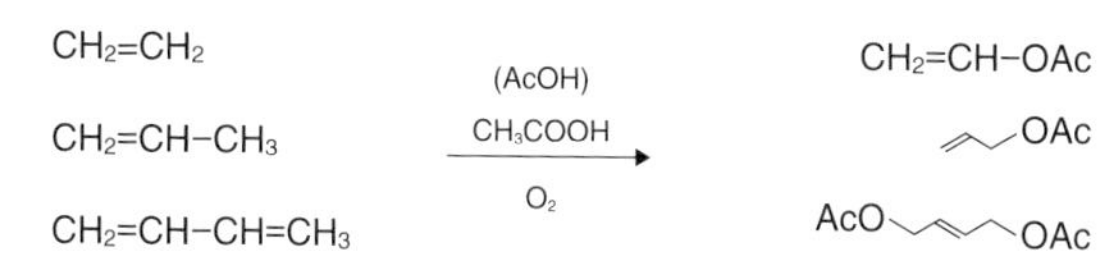

図 5.1　酸化的アセトキシル化反応

上させる役割を担っている．

(3) パラフィン酸化

パラフィンの部分酸化反応としては，300℃ 以上の高温で n-ブタンを気相酸化することで，無水マレイン酸の製造が工業化されている．触媒はリン酸化合物であるピロリン酸ジバナジル $(VO)_2P_2O_7$ である．高温反応における温度分布の均一性を保つため，流動床反応装置が用いられるが，触媒の流失が避けられないため，リン化合物を連続的に供給して活性と選択性を保持している．

5.1.2　高分子合成

工業的に製造されている高分子化合物にはポリエチレン，ポリプロピレン，ポリスチレンや，ポリエステル，ポリアクリロニトリル，ポリメタクリル酸メチルがある．その成形加工性や使用時の安定性の増大のために，用途に応じて種々の添加剤（可塑剤，滑材，光安定剤，難燃剤）が配合される．原料モノマーの重合には気相重合と液相重合があり，さまざまな重合触媒が開発されている．エチレンやプロピレンの気相重合では四塩化チタンとトリエチルアミンから調製されるチーグラー・ナッタ（Ziegler–Natta）触媒を塩化マグネシウムに担持させたものが，実用化されている．

5.1.3　化学工業プロセスにおける触媒の役割

アンモニア合成におけるハーバー・ボッシュ触媒やオレフィンの立体規則重合におけるチーグラー・ナッタ触媒にみられるように，触媒は新しい化学工業プロセスに重要な役割を果たしている．化学工業企業での触媒開発で重要なのは，活性と選択性の高い触媒を用いてプロセス経済性を高くすることである．触媒活性が高いと反応容器の小型化，反応温度や圧力の低下が可能であり，消費エネルギーコストや建設費の削減が可能となる．また，選択性の高い触媒では，目的生成物の収率を高めるので，原料使用量の減少と生成物分離・精製の簡略化など，高い経済性をもたらすことになる．

5.2　エネルギー関連触媒

5.2.1　水素製造に関わる触媒技術

二酸化炭素などの環境汚染問題から，化石燃料を直接のエネルギー源としない水素燃料電池が注目され，その燃料としての水素の安価かつ環境負荷の少ない製造法の開発が活発に行われている．

現在，水素はおもに天然ガスの主成分である CH_4 を原料として，次の水蒸気改質反応により製造されている；$CH_4+H_2O \rightarrow CO+3H_2$．触媒としては Ni/Al_2O_3–MgO が用いられ，反応は 20～40 atm，900～1130 K の条件で行われる．反応中，C が Ni 金属表面に析出する副反応のため触媒失活が起こりやすいので，これを防ぐため過剰に水蒸気を導入し失活阻止の工夫がなされている．

5.2.2　燃料電池触媒

燃料電池では水素と酸素との反応の化学エネルギーを電気エネルギーに直接変換するため，燃料利用効率が高く環境負荷の少ないことが特徴である．電池は燃料である水素と酸素を隔てるように電解質が位置しており，電解質の外側を燃料極と空気極ではさむ構造をとる．電極は次式のように電子を伴う反応を行う場を提供し，電子を外部回路へ，また生成イオンを電解質へ送るはたらきをする．その際，反応の活性化エネルギーを下げ，反応速度を速めるのに触媒が役割を果たす．

$$H_2 + O^{2-} \longrightarrow H_2O + 2e^- \quad (\text{燃料極})$$
$$(1/2)O_2 + 2e^- \longrightarrow O^{2-} \quad (\text{空気極})$$

燃料電池は電解質の種類により分類が行われるが，固体高分子電解質型（polymer electroly to fuel cell；PEFC）や固体酸化物型（solid oxide fuel cell；SOFC）が有名である．PEFCでは電解質としてナフィオンなどのプロトン伝導性のペルフルオロスルフォン酸重合体が用いられている．燃料極，空気極ともにカーボン材料にPt触媒を担持させたものが用いられるが，Ptを多量に使用するのは高価なため，PtにSn，Mo，Ni，Co，Feなどを添加した触媒も工夫されている．一方，SOFCでは，酸化物イオン伝導体セラミックスを電解質として使用する．使用温度が高く電極反応も速いのでPEFCのような貴金属を必要とせず，卑金属や酸化物電極でも十分性能を発揮する．最もよく使用されているのは，8～10% 酸化イットリウム（Y_2O_3）を添加した酸化ジルコニウム（ZrO_2）（イットリア安定化ジルコニア；YSZ）を電解質とし，燃料極にはNi-YSZサーメット，空気極には$La_{1-x}Sr_xMnO_3$系ペロブスカイト型酸化物を用いたものである．

5.2.3　光 触 媒

光の照射により触媒機能を示す物質を光触媒といい，光の照射

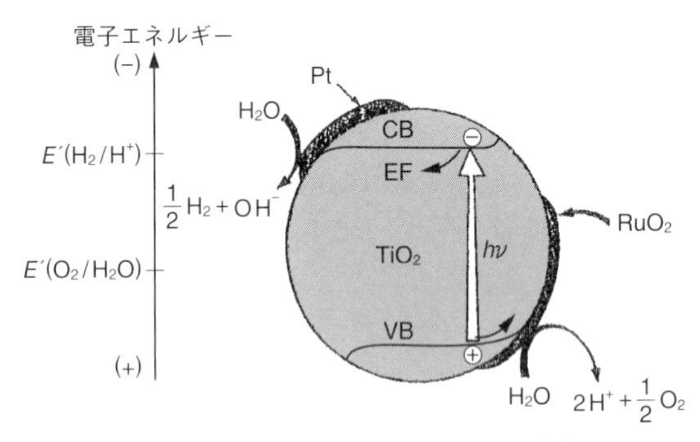

図 5.2　TiO_2 光触媒での水の光分解［1］
CB：伝導帯，EF：フェルミ準位，VB：価電子帯．

下，光触媒上で起こる触媒反応を光触媒反応という．図 5.2 に水の光分解反応を例として，光触媒の作用機構を示す［1］．水の分解を光化学反応として起こさせるためには，水分子が光を吸収し結合を開裂する電子状態まで励起されねばならず，165 nm 以下の真空紫外領域の短い波長の光を必要とする．図には n 型半導体である TiO_2 粉末に Pt と RuO_2 を担持した光触媒を示してある．n 型半導体を水溶液中に浸すと表面および内部の伝導帯の電子が溶液に移動し，半導体中には正電荷の分布が生じて，図のように伝導帯と価電子帯に折れ曲がりが生じる．このような状態にある半導体にバンドギャップエネルギー E_g 以上のエネルギーをもつ光（TiO_2 の場合 380 nm 以下の波長の紫外光）を照射すると，価電子帯の電子 e（⊖印）が伝導帯に励起され，価電子帯には正孔 h（⊕印）を生じる．ここでバンドの折れ曲がりのため，電子と正孔はおのおの矢印の方向へと移動して H^+，OH^- と反応し，Pt 上で H_2，TiO_2 上で O_2 を発生する．結果として，TiO_2 半導体を用いない直接的な水の光分解反応に比べ，はるかに低いエネルギーの光照射により水の分解が起こる．このような作用を示す TiO_2 半導体を光触媒とよぶ．水の光分解触媒として利用できる半導体は，その E_g が 1.23 eV（水の理論電解電圧）よりも大きいのみならず，図に示すように伝導帯電位は H^+ の水素分子への還元電位よりも負に大きく，価電子帯の電位は OH^- イオンの酸素分子への酸化電位よりも正に大きくなければならない．

緑色植物のクロロフィルによる光合成は，2 種類の色素を含む電子伝達系により光照射後の効率的な電荷分離で生成する電子と正孔が CO_2 の還元と水の酸化を行い，糖と酸素を生成する光触媒反応とみなすことができる．均一系の光触媒としては，ポルフィリン，フタロシアニン，Ru ビピリジン錯体などの金属錯体と，種々の電子メディエーターの組合せが研究されている．半導体光触媒においても，電荷分離の効率を上げるための電子伝達系の組合せとして前述の Pt 以外に RuO_2 や NiO_x が用いられる．TiO_2 以外にも $SrTiO_3$ や ZnO，CdS や ZnS の硫化物も光触媒として利用されている．さらに，層状ペロブスカイト型酸化物 $K_2La_2Ti_3O_{10}$ や $Rb_2La_2Ti_3O_{10}$ に Ni を担持した光触媒が水の完全分解に高い活性を示すことが報告されている．

5.3 環境保全触媒

5.3.1 排煙脱硝触媒

工場などの固定発生源から排出される燃焼排ガスによる大気汚染が社会問題となり排煙脱硝技術の開発が進んでいる．排煙に対する乾式脱硝法では，おもに接触分解法，接触酸化法，吸着法，非選択的および選択的接触還元法が，また，湿式脱硝法では酸化吸収法，硫酸吸収法，錯体吸収法などが検討されている．

これらのなかで実用化が最も進んでいるのは，NH_3 を還元剤として用いる選択的接触還元（selective catalytic reduction：SCR）法である．燃焼排ガスの中には数百 ppm の NO_x のほかに過剰に加えられた数%の O_2 が含まれ，被還元体として NO_x と O_2 が存在する．還元剤である NH_3 は酸化的雰囲気下でも次式に従って NO と反応する．

$$6\,NO + 4\,NH_3 \longrightarrow 5\,N_2 + 6\,H_2O$$

この反応は，300～400℃ で行われ，O_2 が共存すると次式により，著しく加速される．

$$4\,NO + 4\,NH_3 + O_2 \longrightarrow 4\,N_2 + 6\,H_2O$$

触媒としては V_2O_5–TiO_2 触媒が用いられ，V が 4 価–5 価の酸化還元サイクルを繰り返している．

5.3.2　水素化脱硫触媒

未精製の石油には，チオフェン，チオール，スルフィドなどの多くの含硫黄有機化合物が含まれており，そのまま燃焼させると膨大な SO_x が放出される．SO_x は，NO_x と同様に酸性雨などの大気汚染をひき起こす有害物質である．そのため，石油精製工場では，高温・高圧下で硫黄含有有機化合物から，H_2 により H_2S として S を取り除く水素化脱硫が行われる．

水素化脱硫触媒としては Ni，Co，Mo やタングステン（W）の硫化物が用いられるが，これらを組み合わせることにより飛躍的な協同効果の表れることが知られている．実用触媒としては，Ni–Mo–S 系や Co–Mo–S 系触媒が用いられてきた．主成分の Mo 硫化物はグラファイトと同様の層構造をもち，その側面にあるエッジ部が活性点として高い脱硫触媒効果をもつことが知られている．最近の表面分光法による研究では，Co–Mo 硫化物のエッジには S 欠陥に伴う配位不飽和な Co–Mo があり，それが反応活性点としてはたらいているものと考えられている．

5.3.3　水処理触媒

産業の発展，都市への人口集中などに伴い，われわれの日常生活に直接重大な危険を及ぼす水質汚染が広まっており，触媒を用いる水処理技術の進歩が望まれる．現在，水中に存在する微量の有機化合物の除去に，次亜塩素酸ナトリウム（NaClO）を酸化剤とする分解除去法が有効である．触媒としては，多孔性担体に担持された過酸化ニッケルが，40～45℃，常圧下でのモノエタノールアミン（$H_2NC_2H_4OH$）含有排水の処理触媒として実用化されている．

$$2\,H_2NC_2H_4OH + 13\,NaOCl \longrightarrow N_2 + 4\,CO_2 + 7\,H_2O + 13\,NaCl$$

閉鎖性水域の富栄養化防止のために，アンモニア性窒素の分解除去が求められており，次式で示すアンモニアの分解反応が有望視されている．

$$2\,NH_3 + 3\,NaOCl \longrightarrow N_2 + 3\,NaCl + 3\,H_2O$$

$$4\,NH_3 + 3\,O_2 \longrightarrow 2\,N_2 + 6\,H_2O$$

5.3.4　自動車触媒

自動車排ガス中の汚染物質を触媒で浄化する過程は，通常の化学工場における使用条件とは大きく異なり，過酷な反応条件での長時間耐久性の保証が要求される．また，触媒に対する負荷も自動車の走行条件で常に変動し，触媒被毒物質の混入も多い．自動車触媒では，このような過酷な負荷をクリアーする工夫が施されている．

(1) 三元触媒（TWC）

自動車排ガス中のCO，炭化水素（H.C.），NO_x間で可能な反応スキームを図5.3に示す．NO_xは酸化剤であるのに対し，排ガス中のH.C.やCOは還元剤としてはたらく．さまざまな触媒を用いてこの反応を促進させることにより，排ガス浄化が行われる．図5.4に

$$NO_X + CO \longrightarrow N_2 + CO_2 \quad \text{（還元）}$$
$$CO + O_2 \longrightarrow CO_2 \quad \text{（酸化）}$$
$$H.C. + O_2 \longrightarrow CO_2 + H_2O \quad \text{（酸化）}$$

$$NO_X + CO + H.C. \longrightarrow CO_2 + N_2 + H_2O$$

図5.3　三元触媒による反応スキーム

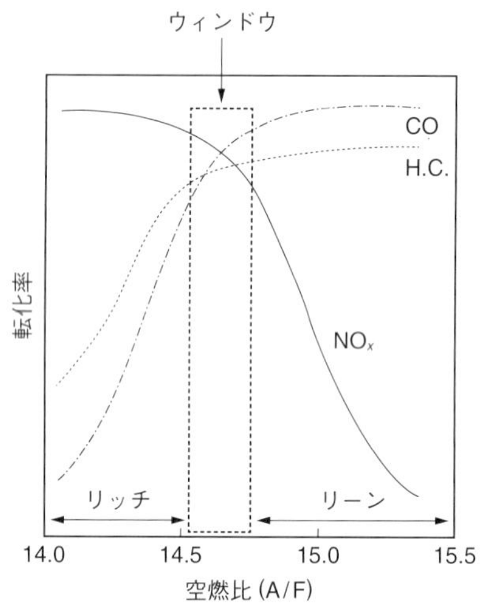

図5.4　空燃比と排ガス中のCO，H.C.，NO_Xの転化率［2］

自動車の空燃比（空気/燃料の比）と排ガス中の CO，H.C.，NO_x の量の関係を示す［2］．この際，燃料を効率よく燃焼させようとして空気の量を増やす（空燃比（A/F）が大）と，過剰の O_2 により NO_x の副生を招く．これに対し，NO_x の生成を抑えようとして A/F を小さくすると，逆に不完全燃焼により H.C. や CO が排出されてしまう．図の横軸の A/F＝14.7 付近では CO，H.C.，NO_x とも 90％以上の転化率で除去されている．このような機能をもつ触媒を三元触媒（three way catalyst：TWC）とよぶ．三元とは有害 3 成分である CO，H.C.，NO_x を同時に除去することを意味する．A/F＝14.7 付近（ウインドウ領域）は，空気とガソリンの完全燃焼が量論比に近く，燃料がそれよりも濃いリッチ側（A/F＜14.7；還元雰囲気）では排ガス中の CO，H.C. 濃度が増え，燃料が薄いリーン側（A/F＞14.7；酸化雰囲気）では NO_x 濃度が増える．

実用に用いられる三元触媒の主成分は Pt，Pd あるいはこれらに Rh を加えたものである．Pt 単独でもかなりの活性を示すが Pd を加えることで活性の向上がみられ，Rh を添加すると触媒劣化を抑制できる．担体としては酸化セリウムを含んだアルミナが用いられ，セリウムイオンの 3 価–4 価の酸化還元サイクルが利用されている［3］．

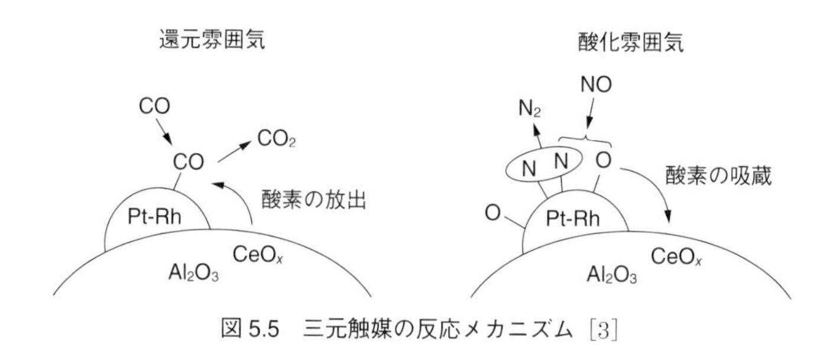

図 5.5　三元触媒の反応メカニズム［3］

コラム6

ナノ構造をもつ NO_x 貯蔵還元自動車触媒

現在，自動車の排気ガス中に含まれる有害物質（NO_x，CO，H.C.）が地球規模での環境問題や温暖化をひき起こしているため，これらの有害物質を無害な物質（N_2，CO_2，H_2O）に変換し，車外に排出できる NO_x 貯蔵還元型（NSR）触媒の開発が求められている．NSR 触媒は，酸素過剰時（A/F＞14.7）に三元触媒での NO_x の還元除去を行えない問題点を解決するために開発された．

NO_x はリーン領域では触媒に貯蔵され，リッチ領域で還元剤によって N_2 に還元される．典型的な NSR 触媒はトヨタ自動車で開発された Pt–Ba/Al_2O_3 触媒で，図1に示すように酸素過剰（リーン）状態で生成する NO_2 は BaO 上で $Ba(NO_3)_2$ として捕捉され車外に排出されることはない．燃料過剰（リッチ）状態になると NO_2^- は Pt 上に移動し，燃料により還元されて N_2 として排出される．

本コラムでは優れた NO_x 貯蔵還元反応を示すチタン酸カリウムナノベルト（K-titanate nanobel：KTN，分子式 $K_2Ti_4O_{17}$（K_2O・4 TiO_2））を担体として用い，Pt–KNO_3 を担持させた Pt–KNO_3/KTN 触媒が 350℃ における NO_x 貯蔵還元反応で高い NO_x 貯蔵能を示すことを紹介する．TiO_2 シート層間に K_2O が挿入した

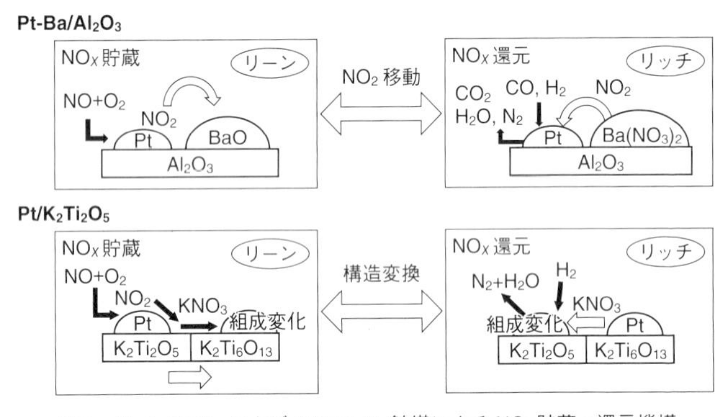

図1　Pt–Ba/Al_2O_3 および Pt/$K_2Ti_2O_5$ 触媒による NO_x 貯蔵・還元機構

ナノベルト構造をもつKTNの針状ナノ結晶粉末に1.5 wt% PtとX wt% KNO_3（X＝0, 20, 26, 33, 41）を含浸法で担持した固体触媒を調製し，実験温度623 KでNO_x貯蔵実験（触媒量100 mg）を行った．1.5 wt% Pt/KTNの完全にNO_xを捕捉した時間は5分間であった．KNO_3の担持量を増加させると，最大34分間（33 wt% KNO_3担持触媒）と大幅に増加したが，33 wt%以上KNO_3を担持させた触媒（41 wt%）は20分に減少した．

さらにNO_x貯蔵還元能と触媒の安定性を検討するため，リーン–リッチサイクルテスト（触媒量50 mg）を行った結果を図2に示す．1.5 wt% Pt–33 wt% KNO_3/KTN触媒では還元表面へO_2–NO酸化ガスを6分間流通しても，出口ガス中にNOは検出されずNO_xが完全に触媒上に貯蔵されていることがわかった．その後，4分間H_2ガスを流通するとN_2の生成が観測され，NOやN_2Oなどの窒素酸化物の放出はごくわずかであった．この酸化還元サイクルを数十回行ってもNO流通時にNOがほとんど検出されないことから，この触媒の優れたNO_x貯蔵能が明らかとなった．この触媒で観測された2.27 mmol g^{-1}のNO_x貯蔵容量は，これまで報告された関連文献のなかで最大のNO_x貯蔵量であった．NO_x貯蔵還元のメカニズムは，まず含浸と室温から623 KまでのH_2昇温還元の前処理によりKTN上にPt金属とKリッチ層が形成される．続いてNO–

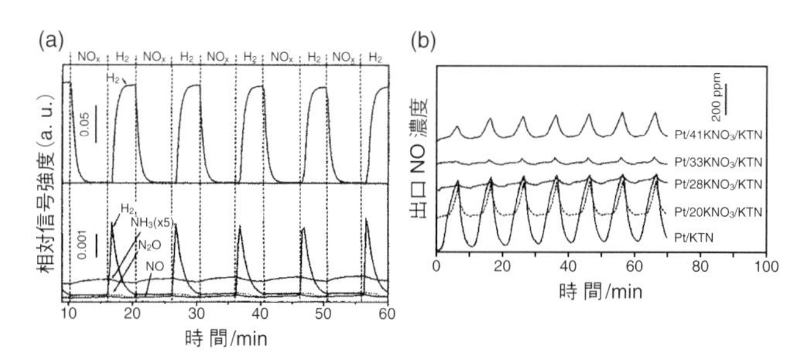

図2　リーン–リッチサイクルテストの結果
(a) Pt–26 KNO_3/KTN触媒によるサイクルテスト，(b) 異なった触媒での出口NO濃度（触媒量50 mg；623 K）．

O_2 混合ガスによる NO_x 貯蔵過程の間に NO を Pt により NO_2 に酸化させ，K リッチ層から供給した K^+ と反応することで表面上に KNO_3 が形成する．その後，H_2 還元過程の間に KNO_3 は K リッチ層を再生し，NO_x は N_2 に還元される．このように，ナノベルト構造をもつ Pt–KNO_3/KTN は，従来の触媒よりも優れた NO_x 貯蔵能をもつことが明らかとなった．

[1] Yoshida, A., Shen, W., *et al.*（2012）*Catal. Today*, **84**, 78.
[2] Shen, W., Nitta, A., *et al.*（2011）*J. Catal.*, **280**, 161.

(2) NO_x 貯蔵還元触媒（NSR）

自動車の燃費を向上させるためには，A/F 比が大きな希薄燃料ガソリンエンジンを使用すればよい．しかし，この O_2 過剰雰囲気下である希薄燃焼領域（A/F＝18）では NO_x は三元触媒では浄化できなくなる．そこで，塩基性物質である $BaCO_3$ を三元触媒と混ぜて用いる NO_x 貯蔵還元（nitrogen oxides storage reduction：NSR）触媒が開発されている．図 5.6 に示すように，リーン雰囲気では NO_x は $BaCO_3$ 上で $Ba(NO_3)_2$ として貯蔵され，走行状態が理論空燃比となったときに NO_x として貴金属上で還元剤により除去されるという酸化還元サイクルを繰り返せば，NO_x が大気中に放出されることはないという巧妙な仕組みが施されている [4]．

(3) NO 低温還元触媒

Rh 金属は自動車の排ガス浄化の際に，NH_3 の副生を抑え NO を選択的に N_2 に還元する能力をもつが，資源的に希少なことが問題であり，Rh 代替触媒の開発が求められた．より安価である Pd 金属にインジウム（In）や鉛（Pb）を添加してできる金属間化合物

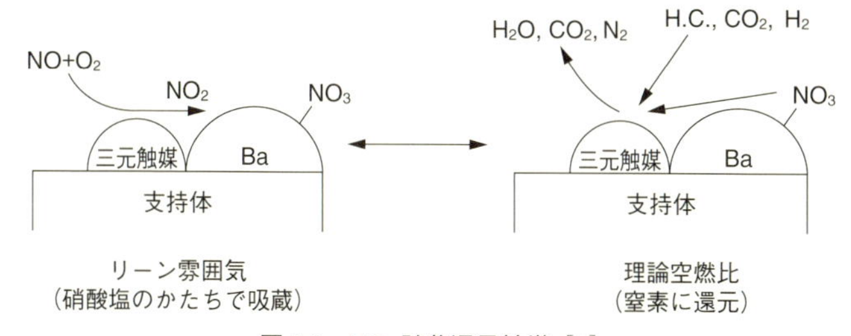

図 5.6　NO_x 貯蔵還元触媒［4］

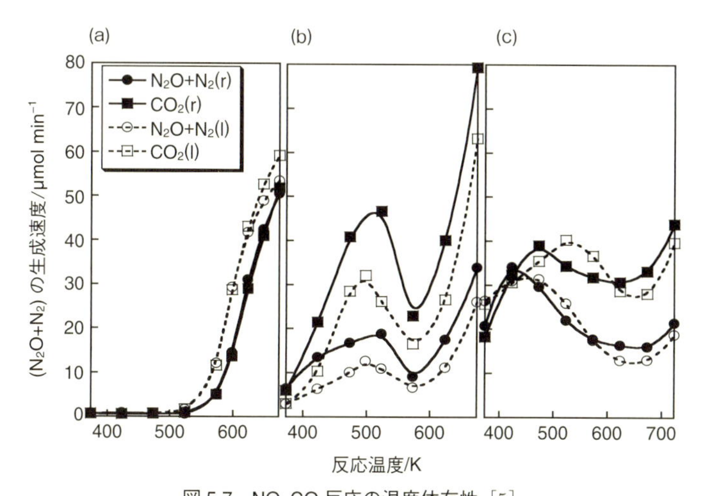

図 5.7　NO–CO 反応の温度依存性［5］

（a）Pd/SiO_2，（b）$Pd–In/SiO_2$，（c）$Pd–Pb/SiO_2$.（r）：リッチ雰囲気，（l）：リーン雰囲気

がNOのCOによる還元反応に著しい高活性を示し，室温域でも反応の進行することが知られている．図5.7にPd/SiO_2，$Pd–In/SiO_2$，$Pd–Pb/SiO_2$触媒上でのNO–COおよびN_2O–CO反応における（N_2O＋N_2）生成速度の温度依存性の実験結果をまとめてある［5］．図

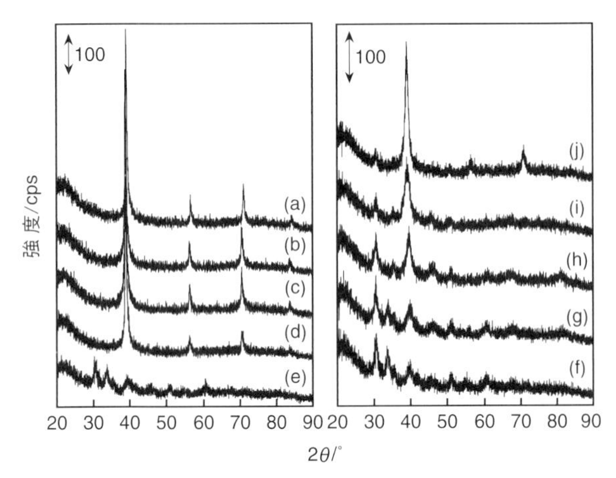

図 5.8　Pd–In/SiO_2 触媒上での酸化・還元過程の *in situ* XRD スペクトル［6］
(a)～(d)：733 K で 0.2, 0.5, 1.0, 2.0 h H_2 還元, (e)：733 K で 1.0 h O_2 酸化, (f)～(j)：(c) を 300, 373, 473, 573, 773 K で 1.0 h CO 還元.

5.7(a) に示すように，Pd/SiO_2 上では NO–CO 反応は 500～600 K でのみ進行する．主生成物は N_2O であり，わずかに N_2 の副生がみられた．一方，In や Pb を添加すると（図 5.7(b), (c)），反応温度は 200 K 以上低温化し，室温域で N_2O と CO_2 のみが生成した．373 K では，N_2O 以外にわずかに N_2 の生成がみられるようになり，473 K 以上では N_2 が主生成物に変化した．

図 5.7(b) や (c) に示すように，Pd–In/SiO_2 や Pd–Pb/SiO_2 上での (N_2O＋N_2) 生成速度の温度依存性は非常に特異的であった [5]．まず，473 K までは，速度は単調に増加するが，473～500 K で極大をとったのち，573 K まで除々に減少する．573～600 K で極小を示したのち，ふたたび増加に転じた．

図 5.8 には，種々の処理を施した Pd–In/SiO_2 触媒の粉末 X 線回折（X–ray diffraction：XRD）の結果を示してある [6]．(a)～(d)

に示した733Kで種々の時間についてH_2還元したものの回折パターンは，$Pd_{0.48}In_{0.52}$の金属間化合物として同定される．この状態では触媒はNO-C反応に高い活性を示す．(e) は，これを733Kで1時間酸化した試料であるが，金属間化合物は完全に破壊されPdOとIn_2O_3がおもに観測される．この状態の反応活性は (a) に比べ1桁以上低下する．(f)～(j) は，(c) をCOで300～733Kまで段階的に還元したものであるが，回折パターン，触媒活性とも (a)～(d) と同一となる．これらの結果は，$Pd_{0.48}In_{0.52}$という金属間化合物がNO-CO反応の促進に重要な役割を果たしていることを示している．

5.4　石油代替炭素資源の有効利用触媒

地球規模でのエネルギー消費量の増大と石油資源枯渇への危機感から，石炭，天然ガス，バイオ資源などの活用と自然エネルギーの開発の研究が盛んである．20世紀後半になって，従来のエチレン基幹の石油化学工業から，石油以外からも生成可能なCOやメタノールを基幹とした産業体系の構築をめざし，C_1化学に有効な触媒の研究が始まった．

5.4.1　水素の製造とC_1化学

COは次式で示すように，石炭 (C) や天然ガス (CH_4) あるいは石油を水蒸気と高温で接触させることによりNi触媒を用いて，合成ガスとして製造される；① C (石炭) + H_2O → CO + H_2，② CH_4 (天然ガス) + H_2O → CO + 3 H_2，③ C_nH_{2n+2} (石油) + nH_2O → nCO + $(2n+1)H_2$．メタノールは，この合成ガスとH_2からCu-Zn系触媒を用いた加圧下で，ほぼ定量的に合成できる；CO + 2 H_2 →

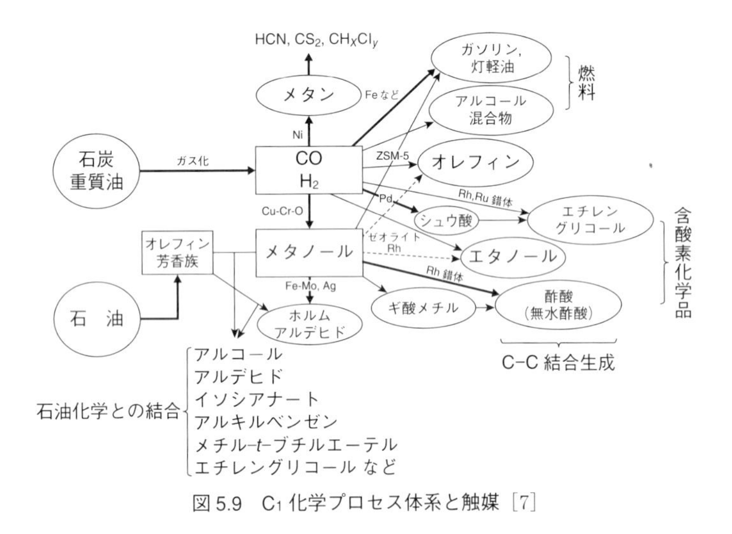

図 5.9　C_1 化学プロセス体系と触媒 [7]

CH_3OH．CO には原料の石油中に存在する S 成分が微量成分として含まれるため脱硫触媒による除去が必要であり，合成ガス反応の前段には脱硫プロセスを設置する必要がある．

図 5.9 には，石油代替資源として石炭のガス化から出発して合成ガスを製造後，さまざまな触媒を用いた化学製品の製造にいたる C_1 化学プロセスのネットワーク体系をまとめてある [7].

5.4.2　メタンの転換反応

近年，石油の代替炭素資源開発の観点からメタン（CH_4）を活性化して高級炭化水素，芳香族などのより有用な化合物へ転換する触媒反応が注目を集めている．メタンは天然ガスの主成分であり，炭素資源のうちでは豊富に存在するもののひとつであり，さらに最近注目されているメタンハイドレートの開発が本格化すれば，その埋蔵量は飛躍的に増大することが期待される．しかし，目的化合物に比べて反応性に乏しいという欠点があり，固体触媒を用いてメタンを活性化するには一般に500℃以上の高温を必要とするため，目的化合物への選択性も悪くなってしまう．

固体触媒によるメタン活性化の第1段階はC−H結合の解離であるが，遷移金属表面でのメタン分解反応の活性化エネルギー自体は25～65 $kJ\ mol^{-1}$にすぎない．これは，たとえばCOの解離吸着の活性化エネルギー（数百 $kJ\ mol^{-1}$）に比べるとかなり小さいにもかかわらず，メタンの活性化に高温が必要なのは吸着の付着確率が著しく小さいためである．金属粒子径とメタンの分解活性の関係は検討されているが，PtやNi金属では粒子径が小さいほど分解活性の高いことが報告されている．

メタンを他の有用な化合物に変換するためには，H_2O，CO_2，O_2，N_2Oなどさまざまな酸化剤が用いられているが，不均一系触媒によるメタンの改質反応は次の3つに大別できる．①メタンの水蒸気や炭酸ガス改質，酸素の部分酸化による合成ガス（CO–H_2）の合成，②メタンの酸化的カップリング反応によるエタンやエチレンの合成，メタンの直接部分酸化によるメタノールやホルムアルデヒド（HCHO）の合成，③還元雰囲気下でのメタンのオリゴメリゼーションによる高級炭化水素や芳香族化合物の合成．図5.10に以上の改質反応のおもな反応経路と触媒についてまとめる [8]．すでに述べたように，どの反応もメタンのC−H結合活性化のために900～1000 Kの反応温度を必要とする．しかし，反応の選択性を向上させ触媒劣化を防ぐためには，できるだけ低温での反応が望ましいことはいうまでもない．

1番目のメタンの改質反応ではH_2Oを用いる水蒸気改質反応がすでに工業化され，Ni/Al_2O_3–MgO触媒を用いて20～40 atm，1100 K

図 5.10　メタン転換反応のおもな反応経路と触媒 [8]

前後の反応温度で行われる．この反応は吸熱反応であるため，一般に高温の反応温度が必要であり，反応速度自体は著しく大きく拡散律速になっている．したがって，触媒としては高温による金属の凝集と炭素蓄積の抑制が重要とされている．一方，メタンの CO_2 による改質反応はさらに大きな吸熱反応であり，天然ガスの有効利用と同時に CO_2 の炭素資源としての再利用という役割や地球温暖化原因物質の変換という側面もあり注目されている．Ni,Rh,Pt などの 8 族金属を Al_2O_3，TiO_2，ZrO_2 などの酸化物に担持した触媒の検討がなされているが，水蒸気改質と同様の問題点が指摘されている．改質反応の反応機構としては，反応温度が非常に高いことからの類推で，反応物がばらばらになるような素反応の組合せが考えられているが，その詳細は今後の研究が待たれるところである．

次の酸化的カップリング反応では，メタンを O_2 で脱水素カップリングしてエタンやエチレンを合成するが，石油を原料とする現在の化学工業に代わるものとして注目されている．この反応に対しては Al_2O_3 担持の Sn，Pb，Bi，Mn 酸化物触媒の検討が報告されて以来，MgO や CaO のアルカリ土類金属や La_2O_3，Sm_2O_3 の希土類酸化物など，塩基性酸化物を中心に多くの触媒系が検討されている．現在かなりのところまで到達しているが実用化のためには，活性および選択性の面で今一歩という状態にある．

メタンの直接部分酸化反応は非常に魅力的な夢の触媒反応であるが，現在のところ実験室系で限られた反応条件での研究例が報告されているのみである．なかでも，シリカ担持 Mo_2O_3 触媒を用いて，N_2O によるメタンの部分酸化反応を検討し，830 K 付近で 100% の選択率でメタノールとホルムアルデヒドの合成に成功している例や，O_2 を酸化剤としたメタンの部分酸化反応でホルムアルデヒドを合成するのに有効な触媒として $MgO \cdot B_2O_3$ が報告されている．

5.4.3　温和な条件下でのメタンの直接化学変換

固体触媒によるメタンの改質反応は間接法と直接法の２つに大別される．間接法ではまずメタンの水蒸気や炭酸ガス改質，酸素の部分酸化により合成ガス（H_2–CO）を製造し，それから高級炭化水素や含酸素化合物を製造するためにフィッシャー・トロプシュ合成やメタノール合成などに利用する間接的な転換反応が用いられている．しかし，この合成ガスを介する手法は，エネルギー効率が低く，プロセスが複雑化するという欠点をもっている．一方，メタンを直接有用な化学製品へと転換する直接法には，①部分酸化によるメタノールやホルムアルデヒドの合成，②酸化カップリングによるエチレンの合成，③非酸化雰囲気下でのメタンのオリゴメリゼーションによる高級炭化水素や芳香族化合物の合成（non-oxidative oligomerization），④アンモ酸化によるシアン化水素（H−C≡N）の合成などが挙げられる．これらのメタンを有用な化学製品へと直接転換するプロセスは触媒反応の重要な課題となっているが，どの反応もその第１段階であるC−H結合の活性化のために 700～800

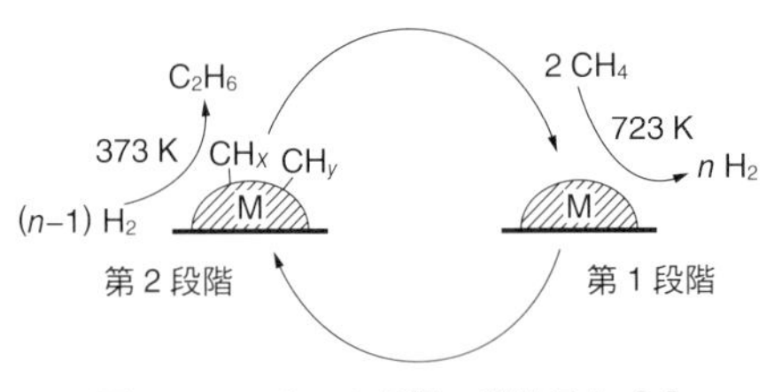

図 5.11　メタンの低温二段階反応［9］

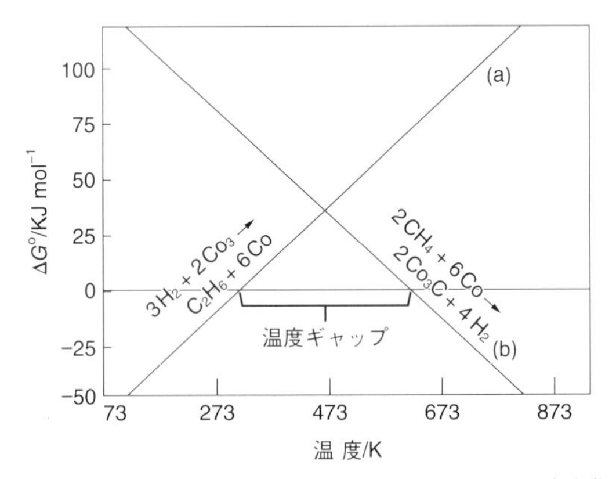

図 5.12　Co 金属上でのメタン分解と CoC のエタンへの水素化の自由エネルギー変化［9］

K の反応温度を必要とする．しかし，反応の選択性を向上させ触媒劣化を防ぐためには，できるだけ低温での反応が望ましい．

図 5.11 に示すような原理を用いれば，低温二段階反応でメタンから高級炭化水素を合成する可能性がある［9］．図に示すように第1段階においては，還元された8〜10 族金属（M）上，450〜800 K の温度領域でメタンは水素と表面炭素種に分解される．第2段階においてはこれらの表面炭素種が300〜400 K の温度領域で水素化

され，炭素–炭素結合の生成を伴って高級炭化水素を生成する．図5.12にはCo金属を例にとってこの二段階過程の熱力学的事情を示してある [9]．Co金属上でメタンが分解して炭化物Co_3Cを生成する反応は吸熱反応であるが，反応に伴うエントロピー変化は負である．したがって，この反応のΔGが負となって，反応が自発的に進行するには標準状態で623 K以上の高温を必要とする．一方，Co_3Cの水素化でエタンが生成する反応は発熱反応であるがそのエントロピー変化は正であり，したがってΔGが負となるのは347 K以下の低温である．すなわち，この2つの反応が同時に起こりCo金属上でメタンからエタンと水素が生成するためには，200 K以上の温度差があることになる．これがメタンから高級炭化水素を製造する際に2種類の温度で二段階反応を経ねばならない理由である．

近年，メタンの活性化と化学変換の新しい手法としてケミカル・ルーピング（chemical looping）法が注目されている．この手法はメタンから合成ガスを製造するために従来から使用されてきた改質反応を次の2つの要素反応に分解するものである．①種々の酸素担体（おもに金属酸化物）によるメタンの部分酸化，②還元された酸素担体のO_2による再酸化．これは前項で述べた反応温度を変化させることによる実験室規模での二段階反応に比べ，より大規模な工業規模でのメタン化学変換の可能性を含む手法として注目される．

一方，還元雰囲気下でメタンから直接変換によってベンゼンやトルエン，ナフタレンなどの芳香族化合物を合成する反応も注目されてきた．1993年以降，MoO_3/ZSM-5系の一連の触媒を用いて流通系の反応装置でメタンの芳香族化の研究が相次いで報告された．その反応機構や触媒活性種に関しては異なった見解があり，次の2説が主流である．ひとつは，MoO_3が触媒活性種であり，カルベン

中間体 CH_2＝MoO_3 の二量化でエチレンが生成し，その三量化でベンゼンになるとするものである．この機構によるとメタンは ZSM-5のチャネル中にある酸点で CH_3^+ と H^- にヘテロリティクに解離し，高酸化状態にあるモリブデンイオン Mo^{6+}，Mo^{5+}，Mo^{4+} などが活性

コラム7

メタノールの液相改質反応における8～10族金属触媒に対する添加物の役割

種々のアルコールを原料とした液相改質反応による水素製造は，原料にバイオマス由来物質を用いることで脱化石資源化が可能であり，また低温（<673

表　5 wt% 担持金属触媒によるメタノールの液相改質反応

触　媒	MeOH/H_2O	反応温度 / K	H_2 比 / μmol hr^{-1} g^{-1}	D_{H_2} (%)	TOF / 10^{-4} s^{-1}	S_{CO_2} (%)
Pt/TiO_2	0.1	345	61.5	13.6	4.8	99
Pt-Ru(1∶1)/TiO_2	0.1	345	102.9	16.0	14.0	94
Pt-Mo(1∶1)/TiO_2	0.1	354	504.0	14.2	38.0	96
Pt-W(1∶1)/TiO_2	0.1	345	347.0	－	－	97
Pt/SiO_2	1.0	378	59.6	29.0	2.2	81
Pt-Ru(1∶1)/SiO_2	1.0	378	271.2	24.0	12.1	71
Ir/SiO_2	1.0	378	33.9	31.2	1.1	99
Ir-Re(1∶0.5)/SiO_2	1.0	378	103.1	17.0	6.5	>99
Ir-Re(1∶1)/SiO_2	1.0	378	120.0	8.4	15.3	>99
Ir-Re(1∶1)/CeO_2	1.0	378	100.0	38.7	27.6	>99
Ir-Mo(1∶1)/SiO_2	1.0	378	43.5	12.4	3.8	>99
Rh/SiO_2	1.0	378	44.2	9.5	5.0	98
Rh-Re(1∶1)/SiO_2	1.0	378	228.0	10.2	24.0	97

点ではないかと考察されている．他方，低原子価状態にある Mo 種，とくに Mo_2C が触媒活性種であるとする説も有力である．さらに最近になってメタン転化率と選択性の更なる向上を目指して，さまざまな形状の HZSM 系や HMCM 系ゼオライト担体が試みられ，

K）での反応により省エネルギー化も達成できる．メタノールの液相改質反応（$CH_3OH + H_2O \rightarrow 3H_2 + CO_2$）は，高純度水素製造や燃料電池（DMFC）の電極反応として注目を集めている．現在の燃料電池電極触媒には Pt が用いられているが，その埋蔵量，コスト面などの問題が挙げられている．本コラムでは Pt 以外の 8 族金属触媒による本反応に対する活性を比較し，そのなかでとくに CO_2 選択性が高い Ir に着目してレニウム（Re）添加効果の検討した研究例を紹介する．

表に種々の担持 Pt，Ir，Rh 金属触媒上でのメタノールの液相改質反応に対する Ru，Mo，W，Re などの添加効果をまとめて示す．Pt/TiO_2 に 1：1 のモル比で Ru，Mo または W を添加すると CO_2 への選択性はわずかに下がるが，H_2 生成の TOF は 3～7 倍に向上した．とくに Mo 添加の場合は，前駆体である H_2PtCl_6 と $(NH_4)_2MoO_4$ を同時に TiO_2 に添加（共含浸法）する場合と，まず $(NH_4)_2MoO_4$ を含浸後，高温酸化処理で TiO_2 担体に Mo 酸化物被膜を形成後，Pt を含浸させる方法（後含浸法）で活性点構造に違いの出ることが明らかとなった．SiO_2 担持触媒の活性序列は Rh＞Pr＞Ir の順であった．とくに，$Ir\text{–}Re/SiO_2$ 触媒は Re 無添加触媒と比較すると 1 桁以上 TOF が向上しており，また，副生成物である CO 生成がなく CO_2 への選択率は 99% を超える高選択性を示した．Re 添加による活性向上の要因は，水和の過程を選択的に進行させており，つまり，一部，脱水素されたメタノールの逐次的な脱水素が抑制され，CO_2 への高い選択率を示すものと考えられる．

［1］Sakamoto, T., Miyao, T., *et al.*（2011）*Inter. J. Hydrogen Energy*, **280**, 161.
［2］Sakamoto, T., Kikuchi, H., *et al.*（2010）*Appl. Catal., A General.*, **375**, 156.

作用機構の解明も進んでいる．

H_2O や CO_2 よりもより還元雰囲気に近いと考えられる CO を酸化剤として用い，8～10族金属触媒や金属炭化物上において500～600 K でメタンの改質を行うと，生成炭化水素中でベンゼンの選択性が80% 以上に達する．この反応は，上述の反応群のうち①，②の酸化剤によるメタンの改質というよりはむしろ，③の非酸化的雰囲気下での芳香族炭化水素の合成と類似点を多くもつと考えられる．さらにこの反応の延長として実験室系ではあるが，CH_4–CO–NO 反応によりアセトアルデヒド（CH_3CHO）やアセトニトリル（CH_3CN）を選択的に合成できる可能性も明らかにされている．

参考文献

[1] Duonghong, D., Borgarello, E., *et al*. (1981) *J. Am., Chem. Soc*., **103**, 4685.
[2] Kapspar, J., Fomasiero, P., *et al*. (1999), *Catal. Today*, **50**, 285.
[3] 上松慶喜・内藤周弌ほか (2004)『触媒化学』, 応用化学シリーズ6, p.150, 朝倉書店.
[4] Takahashi, N., Shinjo, H., *et al*. (1996) *Catal. Today*, **27**, 63.
[5] Hirano, T., Naito, S., *et al*. (2007) *Catal. Comm*., **8**, 1249.
[6] Hirano, T., Naito, S., *et al*. (2007) *Appl. Catal*., *A General*, **320**, 91.
[7] 内藤周弌 分担執筆（触媒学会 編）(1984)『C1ケミストリー』, p.3, 講談社サイエンティフィク.
[8] 上松慶喜・内藤周弌ほか (2004)『触媒化学』, 応用化学シリーズ6, p.94, 朝倉書店.
[9] Koert, T., Deelen, M. A. G., van Santen, R. A. (1992), *J. Catal*., **138**, 101.

索　引

【欧字】

【ア行】

【カ行】

【サ行】

【タ行】

【ナ行】

【ハ行】

【マ行】

【ヤ行】

【ラ行】

Memorandum

Memorandum

〔著者紹介〕

内藤周弌（ないとう　しゅういち）
1970年　東京大学大学院理学系研究科博士課程中退
現　在　神奈川大学名誉教授
　　　　理学博士
専　門　物理化学，触媒化学，表面化学

化学の要点シリーズ　22　*Essentials in Chemistry 22*

固体触媒
Solid Catalyst

2017年 9 月25日　初版 1 刷発行

著　者　内藤周弌
編　集　日本化学会　©2017
発行者　南條光章
発行所　**共立出版株式会社**
［URL］　http://www.kyoritsu-pub.co.jp/
〒112-0006 東京都文京区小日向4-6-19　電話 03-3947-2511（代表）
振替口座　00110-2-57035
印　刷　藤原印刷
製　本　協栄製本　printed in Japan

検印廃止
NDC　431.1
ISBN 978-4-320-04464-7

一般社団法人
自然科学書協会
会員